本项研究得到之江实验室青年基金项目资助

新型研发机构主导构建创新生态系统研究

刘文献　魏　阙　著

吉林大学出版社

·长春·

图书在版编目(CIP)数据

新型研发机构主导构建创新生态系统研究 / 刘文献，魏阙著. —长春：吉林大学出版社，2022.12
ISBN 978-7-5768-1331-9

Ⅰ.①新… Ⅱ.①刘… ②魏… Ⅲ.①科学研究组织机构－研究－中国 Ⅳ.①G322.2

中国版本图书馆 CIP 数据核字(2022)第 248805 号

书　　名：新型研发机构主导构建创新生态系统研究
XINXING YANFA JIGOU ZHUDAO GOUJIAN CHUANGXIN SHENGTAI XITONG YANJIU

作　　者：	刘文献　魏　阙
策划编辑：	黄国彬
责任编辑：	杨　平
责任校对：	刘　丹
装帧设计：	姜　文
出版发行：	吉林大学出版社
社　　址：	长春市人民大街 4059 号
邮政编码：	130021
发行电话：	0431－89580028/29/21
网　　址：	http：//www.jlup.com.cn
电子邮箱：	jldxcbs@sina.com
印　　刷：	天津和萱印刷有限公司
开　　本：	787mm×1092mm　　1/16
印　　张：	9.5
字　　数：	130 千字
版　　次：	2023 年 5 月　第 1 版
印　　次：	2023 年 5 月　第 1 次
书　　号：	ISBN 978-7-5768-1331-9
定　　价：	58.00 元

版权所有　翻印必究

前 言

习近平总书记在2020年9月召开的科学家座谈会上明确指出："我国拥有数量众多的科技工作者、规模庞大的研发投入，初步具备了在一些领域同国际先进水平同台竞技的条件，关键是要改善科技创新生态，激发创新创造活力，给广大科学家和科技工作者搭建施展才华的舞台，让科技创新成果源源不断涌现出来。"在2021年召开的中国科学院第二十次院士大会、中国工程院第十五次院士大会、中国科协第十次全国代表大会上进一步指出："同时，也要看到，我国原始创新能力还不强，创新体系整体效能还不高，科技创新资源整合还不够，科技创新力量布局有待优化，科技投入产出效益较低，科技人才队伍结构有待优化，科技评价体系还不适应科技发展要求，科技生态需要进一步完善。"

构建创新生态系统有利于推动科技同经济深度融合，加强创新成果共享，努力打破制约知识、技术、人才等创新要素流动的壁垒，让创新源泉充分涌流。构建以协同创新为目的，以合作共生为基础，实现创新资源互利共享、优势互补、风险共担的相互依赖、相互作用的动态平衡的创新生态系统，有望全面提高我国的科技创新水平[1]。创新生态系统的构建将丰富和优化原有的创新要素体系，加速要素组合，重构创新体系，形成新的创新能力，重构科技创新力量格局。

无论是现有创新体系向创新生态系统转型，还是"从0到1"构建创新生态系统，都存在运转投资大、风险大、回报慢等问题，仅凭行政指令和财政拨款难以保证创新生态系统的顺利构建和流畅运转。从国内外的经验来看，依托核心节点引领和带动现有科技创新体系内部各参与者形成更加紧密的协同创新网络，而后在重大任务牵引下逐步构建区域创新生态系统是一个较为可行的方案[2]。作为核心节点的机构需要有优势的创新资源、较强的话语权以及承接省级、国家级重大任务甚至是战略科研任务的能力。从机构使命、创新资源投入和研究基础等方面来看，新型研发机构可以在构建区域创新生态系统、提升科技创新水平的过程中承担核心节点的功能。在全面实施创新驱动发展战略、建设世界科技强国的过程中，构建以新型研发机构为主导，以推动提升科技创新质量水平为导向，充分利用现有科技资源的区域创新生态系统是激发经济和社会可持续发展动力的重要途径，是抓住新一轮科技革命和产业变革机遇的重要保障，是我国"十四五"时期和中长期内科技创新发展的重要任务。

本书通过分析新型研发机构内部和外部创新生态系统的构建，为提升我国科技创新能级提供了新的思路，理论贡献主要有三个方面：一是构建的创新生态系统体系利用数字化技术提升了科技创新各环节各参与者内、外部之间数据的交换，具备一定的系统性、整体性、协同性和普适性。二是以新型研发机构的实例给出具体的建设数字创新生态系统的对策建议。本书为新型研发机构在未来迎合数字化协同趋势、全面深化科技创新管理体制机制综合改革、提升创新能力与科研水平、扩大新型研发机构社会贡献及学术影响力、更好地完成国家战略任务提供了理论支撑和路径参考。三是通过对以新型研发机构为核心的科技创新生态系统的探索，为克服科技创新过程中研究力量分散、成果转化低效、重复立项等弊端提供可行方案，规划科技创新体制机制优化的合理路径，综合提升国家科技创新体系效能，支撑我国实现高水平的科技创新自立自强。

目 录

上篇　创新生态系统概述

第一章　创新生态系统的内涵与特征 …………………………… (3)
 1.1　创新生态系统研究综述 ………………………………… (3)
 1.2　创新生态系统对于新型研发机构发展的意义 ………… (6)
 1.3　新型研发机构的主要特征 ……………………………… (8)
 1.4　新型研发机构的核心特征 ……………………………… (12)
 1.5　新型研发机构构建创新生态系统的意义 ……………… (16)

第二章　新发展格局下构建创新生态系统的重要意义 ………… (20)
 2.1　近十年我国科技创新的态势 …………………………… (20)
 2.2　我国科技发展面临的重大挑战 ………………………… (21)
 2.3　创新生态系统对于应对重大挑战和支撑"新发展格局"
   的全局性作用 …………………………………………… (23)

中篇　新型研发机构内部创新生态系统构建

第三章　面向能效提升的新型研发机构职能部门设置 ………… (29)
 3.1　职能部门设置相关文献综述 …………………………… (29)
 3.2　新型研发机构部门设置的特点 ………………………… (30)

· 1 ·

3.3　国内新型研发机构职能部门设置案例分析
　　　　——以中科院深圳先进技术研究院为例 ……………（33）
　　3.4　新型研发机构组织结构现状调研 …………………………（37）

第四章　新型研发机构数字创新生态系统建设目标 ……………（45）
　　4.1　基于开放合作的新型研发机构创新生态系统概述 ………（45）
　　4.2　新型研发机构职能部门设置优化的策略 …………………（49）
　　4.3　新型研发机构内部创新生态系统建设的对策和建议 …（52）

第五章　数字化转型与新型研发机构的数字创新生态系统 ……（55）
　　5.1　数字化转型相关理论综述 …………………………………（55）
　　5.2　数字化转型带来的科研范式变革 …………………………（57）
　　5.3　数据高密度集聚前提下创新生态系统的新特征 ………（59）
　　5.4　数字创新生态系统对新型研发机构的意义 ………………（61）
　　5.5　新型研发机构数字化转型推动形成新型创新生态系统
　　　　的构想 ……………………………………………………（62）

第六章　新型研发机构数字创新生态系统构建
　　　　——基于系统动力学 ………………………………………（66）
　　6.1　数字创新生态系统中的数据能量 …………………………（67）
　　6.2　数字创新生态系统的生态学解构 …………………………（68）
　　6.3　数字创新生态系统中数据流动的机理分析 ………………（69）
　　6.4　新型研发机构数字创新生态系统的系统动力学模型
　　　　构建 ………………………………………………………（72）
　　6.5　仿真实证分析 ………………………………………………（74）

目 录

下篇 以新型研发机构为核心构建广域高能级创新生态系统

第七章 基于数字化转型的数字创新生态系统 …………………… (89)
  7.1 数字化转型催生数字创新生态系统 ………………………… (89)
  7.2 数字创新生态系统的构成要素 ……………………………… (90)
  7.3 数字创新生态系统建设面临的难题 ………………………… (91)
  7.4 构建以新型研发机构为核心的数字创新生态系统 ………… (93)

第八章 国内外创新生态系统建设的典型案例 ……………………… (94)
  8.1 国内案例分析 ………………………………………………… (94)
  8.2 国外案例分析 ………………………………………………… (98)

第九章 国家层面的创新生态系统建设——国家创新体系 ……… (106)
  9.1 国家创新体系的内涵 ………………………………………… (106)
  9.2 新时期国家创新体系的结构 ………………………………… (108)
  9.3 阻碍国家创新体系提升的主要因素 ………………………… (111)

第十章 高效能国家创新体系中新型研发机构的功能定位 ……… (114)
  10.1 以新型研发机构提升国家创新体系效能的机理分析
     …………………………………………………………… (114)
  10.2 通过"突破性创新"提升国家创新体系效能 ……………… (115)
  10.3 面向高效能国家创新体系建设的新型研发机构的定位
    和功能设计 …………………………………………………… (118)

第十一章 新型研发机构与国家战略科技力量建设 ……………… (121)
  11.1 国家战略科技力量在国家创新体系建设中的功能 ……… (121)
  11.2 国家实验室在面向高效能国家创新体系建设中的
    作用 …………………………………………………………… (123)

  11.3　建设新型研发机构型国家实验室的保障措施 ……… （127）
参考文献 ……………………………………………………… （129）
附件 …………………………………………………………… （139）

上篇　创新生态系统概述

第一章 创新生态系统的内涵与特征

1.1 创新生态系统研究综述

"创新生态系统"的概念最早出现于美国1994、2003、2004年发布的一系列报告中,这些报告将国家的技术和创新领导地位归结于有活力的、动态的"创新生态系统"[3-4]。不同于关注要素构成和资源配置问题的"创新体系"这一静态概念,"创新生态系统"强调的是创新主体之间的协同机制和关系演化,因此具有"动态性""栖息性""成长性"等新型科研范式特征[5]。目前学术界对创新生态系统的内涵尚未达成共识,很多学者给出了自己的理解。创新生态系统的内涵基本上可概括为系统功能、系统构成两大方面。系统功能,主要是指系统要能实现协同演化、共同创新的目标。系统构成,则主要是从创新主体和创新环境两大组成成分出发,分析系统的构成要素及其要素之间的关系。国外学者Adner将创新生态系统定义为一种资源整合机制,或者说是一个松散的网络。所有的创新要素在这个网络中聚集,各种创新成果通过优势融合、劣势互补,最终被有机地组合成一个以实现整体利益最大化和满足客户需求为目标的整体性方案[6]。Luoma-aho和Halonen在此基础上强调了创新生态系统中创新主体之间的互动交流作用及技术的媒介作用[7]。Fukuda和Watanabe运用案例分析方法,根据美国、日本等国家装备制造产业的发展情况，分析认为创新生态系统是一个子系统相互独立又相互联系的相辅相成、互利共生的系统[8]。Adner 和 Kapoor 则从创新价值链的视角进行研究，指出创新生态系统存在创新价值链，且创新价值链是其增值链的一种外延表现形式[9]。

我国创新生态系统及其相关领域的研究起步较晚，21 世纪初国内学者才开始重点关注创新生态系统领域，但在国民经济和经济全球化快速发展的驱动下，创新生态系统及其相关领域的研究迅速发展起来。张运生和邹思明参考自然生态系统的形成与作用机理，认为创新生态系统是一个以技术创新为重点，以发明专利交易和协作研发等为特征的生态系统[10]。葛霆也指出，创新生态系统是由多个主体通过特定的运作机制所共同形成的一个相对稳定的动态系统。系统中各个主体既遵循各自属性的独特运行规律，同时也遵循系统的运行规律，相互之间交换所需的物质、能量和信息，以实现内在平衡和系统最优的目标[11]。孙冰和周大铭把创新生态系统的构成划分为四个部分，分别是核心企业、创新环境、技术研发与部门和创新平台[12]。曾国屏等对创新生态系统给出的定义比较全面，认为创新生态系统：①是一个开放系统，可以集聚不同的创新要素，并聚合反应形成不同的创新价值链和网络；②是一个复杂性系统，涵盖了各种各样的创新物种、创新群落、创新链等；③是一个协调演化系统，可以优化整合系统内创新全要素资源，不断产生新的创新，不断演化和自我超越[13]。杨荣在曾国屏的基础上进行研究，认为创新生态系统是动态的，是由创新个体、组织和环境等要素以共同创新为目标而相互依赖、相互适应、协同演化形成的动态性开放系统[14]。刘雪芹和张贵的研究通过探讨创新生态系统的源起及必要性，揭示了创新驱动的本质直接体现为创新生态系统的构建和优化[15]，明确了创新生态系统建设对于我国当前科技发展的重要意义。

创新生态系统的功能主要表现在资源配置、自我调适和完善、信息共享、风险规避等方面。总的来说，创新生态系统的功能有以下几点：一是资源配置功能。资源配置是指系统将社会资源先聚集再按各主体的不同需求合理分配的过程，是创新生态系统的一个最重要的功能。在系统中，通过不同创新主体之间的相互协调、共同作用，可以使不同主体扬长避短，充分发挥其优势作用，从而使系统内部的最优资源得到最有效的利用。通常情况下，企业会根据市场需求和成本收益机制，选择最合适的创新成果进行成果转化，而将企业不能解决的技术突破等科技创新工作转交给高校和科研机构，充分发挥高校和科研机构的创新能力。这样既解决了企业创新成果的来源问题，降低了企业科技创新的门槛，又减少了创新成果的商业化时间，降低了难度，实现了多主体共同发展。二是自我调适和完善功能。创新生态系统具有自我调适、自我完善的功能。创新主体之间除了紧密的联系和相互作用外，还会根据创新主体和创新环境的变化，对其自身和系统进行调节和完善，以保证自己不被系统淘汰和维持系统的可持续发展。其中，政府可以通过政策创新引导和支持企业、高校和科研机构助力攻克创新难关，向行业前沿和社会需求领域转移；中介机构可以发挥信息服务功能，为企业提供创新提供商，为高校和科研机构提供创新用户，使创新供需保持一致性。三是信息共享功能。创新生态系统在促进科技创新成果的产出和转化的同时，拓展了生态系统内部信息共享渠道，优化了科技创新资源在创新生态系统内部的分配，让不同创新主体可以及时了解全局情况，更好地规避信息而导致的风险，提升了科技创新生态系统的整体效能。四是风险规避功能。创新生态系统还可以为创新主体规避风险，减少创新中存在的风险。在创新过程中，创新主体面对的风险是多种多样的。其中，企业不仅需要面对市场风险和诸多不确定性，还需要面对自身的巨大压力。这时，如果企业不能完成创新成果的研发，而相关主体可以做到，就可以很大程度地降低资本投入，因此系统的形成能够减少企业在研发过程中出现的风险问题。

1.2 创新生态系统对于新型研发机构发展的意义

Asheim 和 Isaken 以产业集群为依托，认为区域创新生态系统由两大主体构成，一是地区主导产业集群中的企业及其支持产业；二是科研机构和高校对区域创新起支撑作用的制度基础结构。他们提出集群内企业只有通过开展广泛的创新合作，形成创新合作基础才能实现集群向创新系统的质变，他们强调在系统发展过程中企业研发及企业合作交流的重要性，同时强调了创新主体的多样性，尤其是研发机构在系统中的重要地位[16]。Autio 将研发机构、教育机构和中介机构等视为系统创新主体之一，认为研发机构是系统知识生产扩散的子系统，其与以企业为核心的知识应用子系统之间通过知识、信息和人力资本等创新要素的流动产生交互作用，同时系统内部和外部环境也相互作用[17]。Autio 的观点不同于以往只是将研发机构、高校等组织视为企业研发的辅助机构，而是将他们视为系统的主体部分，通过知识的流动传导机制使得创新系统具有创新可持续性。可见，创新生态系统随着系统的发展其构成也在发生演化，系统所构成的主体呈现多元化特征的趋势，从以往强调单一企业到产业集群，再到重视研发机构、高校、政府、中介机构等组织的主体地位，创新生态系统逐步完善。在这一过程中，研发机构也逐渐从辅助地位提升到了主体地位，其重要性逐步得到肯定。随着创新生态系统的不断发展，创新模式也不断向更高

第一章 创新生态系统的内涵与特征

层次发展，日益变化的市场环境对其提出新的要求，同时对创新生态系统主体之一的研发机构也提出了新要求，研发机构在创新系统中所扮演的角色随着系统的发展和完善也在不断变化。胡恩华认为，传统科研院所由于体制原因，存在大量科研成果市场价值缺失的现象，导致科研有效供给不足，成为制约我国产学研合作创新的一个重要障碍[18]。因此急需新的研发机构组织模式，在这一背景下，新型研发机构应运而生。

任何组织都不可能拥有实现自身目标所需的一切资源。对于新型研发机构来说，除财政投资外，运行经费主要来源于竞争性科研经费和科技成果转化，这两种资金来源都存在较高的不确定性。与此同时，理事之间的利益诉求并非完全一致，不同类型的新型研发机构发展的"主导权"在不同时期会发生转移，理事之间如果不能充分合作，就很难保证研究投入的持续性[19]。因此，从资金来源的角度来说，相比于传统研发机构，通过合作创新确保稳定的经费来源对于新型研发机构的长远发展来说尤为重要。

从内部管理的角度来看，新型研发机构关注的前沿科学技术领域的不确定性、复杂性和模糊性都要高于传统科研领域。这将增加资源和团队的动态性[20]。也会增加管理层整合资源、管理团队的难度。考虑到新型研发机构所承担的科研项目以短期项目为主及项目临时聘用科研人员在新型研发机构中占比较高，日新月异的研究前沿进展和资源的动态变化又加剧了团队之间信息不对称、资源不对称的问题，妨碍了机构内部资源的进一步整合的实际情况。因此，合作创新可以减少研发团队"各自为战""闭门造车"的情况，更好地利用内部资源服务研发任务。

从外部合作的角度来看，新型研发机构在创新链和产业链中与基础研究机构和市场应用机构无缝对接,在科技创新成果的产业应用中承担重要作用[21]。新型研发机构在运行中要与基础研究机构、委托方、合作机构、外包服务机构、被孵企业等密切合作,还需要与地方政府、金融服务机构、各种媒体甚至直接与社会大众积极接触以推动应用成果转化。通过外部合作,可以有效实现一定空间内的上下游融合,更好地支撑科技创新成果产业化应用。

1.3　新型研发机构的主要特征

21世纪初,随着我国社会经济的加速发展,企业对技术创新的需求日益强烈,产业发展进入了转型升级阶段,迫切需要加快科技成果产业化。但由于长期以来科技与经济结合不够紧密,出现了譬如传统制造业的创新不足走向衰落、"科技与经济两张皮""成果转化率不高"等矛盾问题,技术创新的供需双侧矛盾日益突出,倒逼科技创新体制机制的变革。因此,当时国家制定了鼓励产学研合作、协同创新等相关政策。这种形势环境的变化,为新型科研组织的产生与发展提供了良好土壤。当时,不少地区成立了一批建设模式新、体制机制新的研发机构,例如深圳清华大学研究院、陕西工业技术研究院、中科院深圳先进技术研究院等,由此揭开了我国新型研发机构建设的序幕。2021年3月11日,十三届全国人大四次会议表决,正式发布《中华人民共和国国民经济和社会发展第十四个五年规划和2035年远景目标纲要》(以下简称"十四五"规划),明确指出:经济发展、创新驱动、民生福祉、绿色生态和安全保障五大发展方向。从"十四五"规划的有关精神来看,未来我们仍将继续坚持创新在我国现代化建设全局中的核心地位,把科技自立自强作为国家发展的战略支撑,面向世界科技前沿、面向经济主战场、面向国家重大需求、面向人民生命健康,深入实施科教兴国战略、人才强国战略、创新驱动发展战略，完善国家创新体系，加快建设科技强国。"十四五"时期，有必要充分考虑新型研发机构在我国科技创新体系中承担的探路体制机制创新的职能以及我国未来一段时间"四个面向"的科技发展总需求，在2019年科技部《关于促进新型研发机构发展的指导意见》的基础上根据研究需要重新划定作为研究客体的新型研发机构范围。本书所研究的新型研发机构是指：聚焦我国"四个面向"科技创新重大需求和建设科技强国、科技自立自强等战略需求的，以产学研合作为内核，围绕科学发现、技术发明、产业发展全链条集成创新的投资主体多元化、管理制度现代化、运行机制市场化、用人机制灵活的独立法人机构。这一概念结合了传统事业型研发机构和市场型研发机构的优点：在知识属性上，有效解决了各类创新主体由体制机制分割而导致的知识分散化和碎片化问题，通过集成创新实现隐性知识向显性知识的快速转化；在技术属性上，有效融合运用了科研创新者、市场创新者和其他异质性创新主体的知识；在组织属性上，打破各类创新主体的组织边界，解决了在原来边界分明的组织中无法解决的问题，让创新资源得以有效流动；在社会属性上，科研创新者和市场创新者等不同创新主体在同一资本命令下有效治理，创新资本在不同创新者之间得到科学配置，创新绩效在不同创新者之间合理分配，劳动价值得到进步回归，通过集成式研发创新为社会创造更大价值。

新型研发机构作为一种科研组织，既是国家现有科研组织体系的重要组成部分，更是当前我国深化科研机构改革建立现代科研院所制度而孕育的产物，兼具技术研发、成果转化、企业孵化、人才培养等一体化功能，有效整合了政产学研用金等多种创新资源，为区域产业的转型升级提供了技术创新和服务创新。

作为一种新的研发组织形式，新型研发机构凭借市场化的管理和运行机制、专业化的研发和服务体系，逐渐成为创新驱动发展的新生力量。从全球来看，新型研发机构已成为新经济时代引领新研发、促进硬科技创业、提升自主创新能力的重要载体。新型研发机构区别于传统研发机构往往体现在一个"新"字，为了弄清如何"新"，我们可以从几个方面了解新型研发机构"新"在何处。

第一，新型研发机构更加注重与创新链上下游的有机衔接。不同的研发机构具有不同的定位和使命，但它们都有着明确的定位和战略目标，一般通过建立章程明确设立与变更、定位与职责、隶属关系、管理体制和质量模式等。传统科研院所、高校和企业内设的研发部门功能相对单一。新型研发机构的功能体现在集科学研究与技术研发、科技成果转化、科技企业孵化育成、高端人才集聚和培养为一体，突破了传统科研院所、高校和企业内设研发部门在创新链条各个环节功能独立性强、容易"断链"的弊端。新型研发机构可以有效贯通创新链上基础应用研究、技术产品开发、工程化和产业化多个环节，将创新链条上科研、中试、产业化三个环节内部一体化，还能不断加强上下游各环节之间的纵向协同，从而弥补创新链条的"断裂"和创新群落的"分割"，实现从科学到技术再到产业的整合创新。

第二，新型研发机构更加注重兼顾不同投资方的利益诉求。新型研发机构通常由政府、企业、高校和科研院所共同投入组建，形成了具有现代科研院所性质特征的出资人制度，采取多种投资方式，打破了传统科研院所由政府一元化投资的格局，有效地推动了政企分开和政产学研资协同合作的过程，有利于降低委托－代理成本和建立现代化科研院所制度，促进各种创新资源的流动，提高资源的配置效率，从而提升创新的整体绩效。

第三，新型研发机构更加注重面向成果的体制机制设计。传统科研院所一般采用行政型治理模式，即由政府掌握所有权并通过行政权力参与运营。这种治理模式在处理政治不确定性方面比较有优势，能够高效执行政府意志，集中全国力量完成重大科技攻关项目。新型研发机构通过一系列制度创新完善现代科研院所治理体系，强化顶层设计，逐步摆脱行政约束、树立治理意识、构建治理结构、提升治理有效性，实现治理能力的现代化。目前，我国的新型研发机构多采取与国际接轨的治理模式和运行机制，普遍采用理事会领导下的院长负责制，其治理结构采用了"1+N"模式，包括理事会、院务委员会、专家咨询委员会、企业顾问委员会及下设的若干创新平台和管理部门等，使得其具有灵活开放的体制机制，即运行机制高效、管理制度健全、用人机制灵活、自主经营、独立核算等特征。在这种治理模式下，新型研发机构可以建立灵活的人才激励和岗位考核制度，普遍采取合同制、匿薪制、动态考核、末位淘汰、绩效考核及股权激励等方式，充分调动了科研人员的积极性。

第四，新型研发机构更加注重与国际国内研发力量的开放合作。开放合作的国际化是新型研发机构另一个重要特征，体现在如下几个方面。一是整合海外创新资源为己所用。新型研发机构通常是面向全球配置创新资源，形成面向全球开放协同的创新网络，深挖海外高端院校、顶尖人才和科技型龙头企业等优质资源，包括吸收海外优质人才、新技术成果等，组织体系面向全球开放，人才选拔采用公开、竞争机制，在全球范围公开招聘。二是推动新型研发机构的科技成果转移海外。与国外技术转移公司建立战略合作、在国外打造创新中心等，向高端化、国际化和市场化发展。三是建设模式的国际化。采取与国际接轨的治理模式和运行机制。

1.4 新型研发机构的核心特征

1.4.1 新型研发机构的目标定位

"坚持面向世界科技前沿、面向经济主战场、面向国家重大需求、面向人民生命健康，不断向科学技术广度和深度进军。"——习近平总书记2020年9月在科学家座谈会上提出"四个面向"要求，为我国"十四五"时期以及更长一个时期推动创新驱动发展、加快科技创新步伐指明了方向，新型研发机构的建设也必须着眼于新的历史起点，肩负起历史责任，不断向科学技术广度和深度进军。总的来说，新型研发机构的建设要有以下新的目标定位。

一是要面向前沿基础研究。2021年《政府工作报告》指出，要制定实施基础研究十年行动方案，健全基础研究的稳定支持机制。基础研究是科技创新的源头，国家将优化项目申报、评审、经费管理、人才评价和激励机制，努力消除科研人员不合理负担，使他们能够沉下心来致力科学探索，以"十年磨一剑"精神在关键核心领域实现重大突破。

基础研究是科技创新的源头，我国面临的很多"卡脖子"技术问题，根子是基础理论研究跟不上。前沿基础科学对应用技术的支撑发展作用无疑是巨大的。新型研发机构作为科技体制改革的先行者有责任和义务承担起建设一个更有利于前沿基础研究的良好科研生态的历史使命，让科研人员充分发挥自由探索精神，释放出更大的创新潜能。虽然新型研发机构在促进前沿基础研究方面的体制机制创新仍有待探索和实践，但是相比较于传统研发机构的灵活性决定了新型研发机构在我国前沿基础研究领域将起到无可替代的重要作用。

二是要面向国家重大战略需求。当前，我国经济社会发展、民生改善、国防建设面临一些需要解决的短板和弱项，国家对战略科技支撑的需求比以往任何时期都更加迫切。在目前新一轮科技和产业革命浪潮中，我国正在航空发动机、量子通信、智能制造和机器人、深空深海探测、重点新材料、脑科学、健康保障等领域，部署实施一批重大科技项目，开辟新的产业发展方向和重点领域、培育新的经济增长点，这对于打破重大关键核心技术受制于人的局面意义重大。显然，在这新一批的体现国家战略意图的重大科技项目中，我们更应该发挥市场经济条件下新型举国体制优势，集中力量、协同攻关，勇攀战略制高点。而体制机制的创新是新型研发机构最具优势和特点的领域。在明确国家目标和紧迫战略需求的重大领域，在有望引领未来发展的战略制高点，依托最有优势的创新单元，整合全国创新资源，推进新型研发机构建设，构建围绕国家使命，依靠跨学科、大协作、高强度支持开展协同创新的研究基地。强化以新型研发机构为核心多学科交叉融合，提升承担和完成国家重大科技任务的能力，提升其服务国家战略需求、支撑经济社会高质量发展的能力。

三是要面向科技成果转化。新型研发机构从源头创新到新技术、新产品、新市场的快速转换机制，能够更加贴近市场需求开展成果转化，有效带动原有科研体制创新，加速了科研产出和成果转化的效率与效益。新型研发机构由产学研三方共同组建，先天具备科技成果转化能力优势。高校和科研机构立足于市场需求，着眼产业发展关键技术，提供充足的技术支持供新型研发机构开展集科学研究、技术研发、成果应用与产业化于一体的工作；企业等技术接收方和成果转化方为降低交易成本和提高产品研发效率，结合市场需求情况直接从新型研发机构中获取可供使用的技术并形成成果推向市场，最终实现产业化应用，推动社会经济的高质量发展。

1.4.2 新型研发机构新运行机制

从投入主体看，新型研发机构的投资主体可以分为高校、科研院所以及企业。研发活动自身具有的周期长、风险高、创新成果多具有准公共品等特性，使得个体效益小于社会效益，社会资本对于这类研发活动投入积极性不高，前期研发活动存在市场失效的情况，从而产生有效科研供给不足的现象，因此，政府通过财政资金投入对新型研发机构进行扶持具有重要作用。政府在资金、土地方面对新型研发机构进行扶持以及为其提供相关政策优惠，成为新型研发机构成长的源动力，其资金往往成为机构的启动资金，从而使得其在机构成立之初就为其打好工作基础，确保研发成果能解决问题和满足未来的需求。从现状来看，目前新型研发机构多由政府主导、财政支持为主，机构所需的科研资源、人员也大多来自体制内单位。但是，由于新型研发机构可以以企业法人为主体的形式运作，其可以结合科研企业单位和高校管理模式中的优点，提升其开放性、协同创新性和市场化机制，多样化引导社会资金流入，为机构的后续发展注入鲜血。高校、研究机构或企业资金和资源的多元化投入的模式能够弥补单一投资主体资金不足的弊端，保证研发所需资源的充足性，同时，政府在税收、人才方面的政策支持也为研发活动创造了良好的外部环境，对推动新型研发机构发展具有重要意义。

1.4.3 新型研发机构的新研究业态

①多元化投入机制。积极引导社会资本参与新型研发机构发展，建立"多方参建投资＋政府财政资金＋其他社会资金"的机制，支持各建设方通过土地、设备、资金等参建投资，主要用于新型研发机构建设和运营。设立新型研发机构发展财政专项基金，用于支持新建和新认定的新型研发机构，给予前期建设和运营经费，助推新型研发机构

第一章　创新生态系统的内涵与特征

专业化、市场化、国际化发展。通过直投和跟投等权益类资金投入方式，充分调动其他社会资本参与新型研发机构发展的积极性，引入风险投资（venture capital，VC）、私募股权投资（private equity，PE）等社会资本推进技术与产业的充分融合，积极开展科技型企业的孵化和育成，通过市场手段做大做强新型研发机构。通过成立基金会、接受社会捐赠、设立联合基金、探索技术入股等方式拓宽资金来源，吸引企业、金融与社会资本、高校院所等共同投入建设。产业基金等通过市场化方式有限投资新型研发机构创新创业项目。

②打通全链路的枢纽。针对跨部门跨体制协调难、资源条块分割的问题，新型研发机构依靠其由协同创新涉及的官、研、学、产、资等多元主体秉持共同理念共建，各种创新所需的资源汇聚、机构本身的定位就是协作平台来解决。新型研发机构以成为贯通全创新链、产业链的桥梁和纽带为宗旨，可以利用共建各方的有形无形资源（政策、土地、基础设施、技术、资金、人才、设备等）形成合力为创新攻关、成果转化服务，形成创新优势资源的汇聚之地，政府、院所、企业等在这个共同的平台上根据创新的不同阶段对资源的不同需求各自发挥优势，取长补短，整合多渠道发力，比某一方单独推动协同创新与成果转化可利用的资源更全面，破解体制性障碍的整体能力更强，能够有效提升创新的成功率。以多方共建新型研发机构作为科技协同创新平台，同时打造集产业、金融、服务等一体的创新环境所构成的"平台＋环境"模式，是推进科技体系融合创新向深度发展的有效途径。基本模式是以多方共建新型研发机构平台作为协同创新的主要组织者和连接科研与市场、高校与政企等之间的桥梁和枢纽，向创新链上游辐射高校科研机构等创新源头，向下带动企业将创新成果产业化；以支持和承接创新成果的企业群体、为创新提供资金的金融手段以及一整

· 15 ·

套上下衔接的创新政策制度体系等构成的创新环境，作为推进科技体系融合创新的必要条件和关键支撑。

1.5 新型研发机构构建创新生态系统的意义

创新生态系统的本质是知识、技术以及相应的回报在参与者间进行流动、转移和分配，由于知识、技术的转移和回报不同步，造成了合作的不确定性，影响了合作的深度和广度。信任可以降低这种不确定性，因而可以提升新型研发机构内、外部的合作创新水平。具体来说，员工会因为互相信任而在为组织带来收益的工作中付出更多的时间和精力。作为个体员工信任的集合，组织内部的信任能够促进团队成员将精力投放在更有助于团队绩效提升的工作中，组织内成员之间也可以更自由地交流思想、分享经验和有效信息[22]。组织间的信任可以通过增加经验分享、资金互融、人员互通等形式扩展共同完成合作任务的方式，提升组织间的合作水平[23]。

信任对于新型研发机构合作创新的意义尤为重大。信任的建立需要保证过程和结果的公正客观。对于新型研发机构来说，利用非正式契约作为补充将更有利于其与内、外部建立信任。常见的非正常契约如社会契约、心理契约、个性化契约的共性特征是创造一套符合各主体心理预期的价值创造、价值评价与价值分配机制，各价值主体的报酬结构根据其相应的价值创造进行评价，进而提供与投入、贡献等相匹配的收益方案。信任正是来源于这一整套价值创造、价值评价与价值分配的过程[24]。即使面对瞬息万变错综复杂的科技研发工作，如果能够通过技术手段保证合作各方都能够"按劳分配"，一样可以建立起信任关系，形成信任—合作的良性循环。

对于传统研发机构而言，只要与内、外部利益相关者签订正式契约，并遵照契约执行就可以逐渐形成长期信任关系，并基于此相互合作。对于新型研发机构来说，与内、外部利益相关者之间信任关系的建立却面临着一些特殊的困难，不适用于传统合作方式。第一，由于颠覆性技术和市场需求的不确定性，新型研发机构所从事的前沿领域研究形势日新月异。契约主体之间资源、能力、信息都处在高速变化中，基于平等合作、意见一致的正式契约已经无法及时、充分涵盖技术发展所带来的种种变化，违背市场规律的契约还会对信任起到负面作用，难以满足新型研发机构内外部合作的需要。第二，新型研发机构在体制机制创新的深度和广度上都要大于传统研发机构，部门的撤并、人事的更替、内部规定的变化、工作流程的重新设计在新型研发机构中会更频繁。这就导致在新型研发机构内部激烈变化中契约的执行质量难免受到影响，新型研发机构的变革和创新的灵活性也会受正式契约的掣肘。第三，新型研发机构在运行过程中用人机制灵活，人员流动性较大，科研人员的追求高度多样化。在缺少组织文化认同的情况下，即使采用"一人一议"的契约也无法保证人才长期的全身心投入，也无法保证科研人员未来不会因其他机构更好的条件而离职。第四，在前沿领域的科技创新上，产品迭代越来越快，产品生命周期越来越短，研发所需投入也越来越大。新型研发机构研究课题的选择、创新资源的投入、体制机制的创新等决策都面临着更大的风险。鉴于此，如果不能达成机构内、外部的充分信任，则不满和质疑的情绪将会降低机构内、外部的合作创新水平，降低新型研发机构的创新能力。因此，新型研发机构对于通过构建创新生态系统达成"攻守同盟"建立合作关系具有特别强烈的需求。

创新生态系统的层次划分见图1-1。

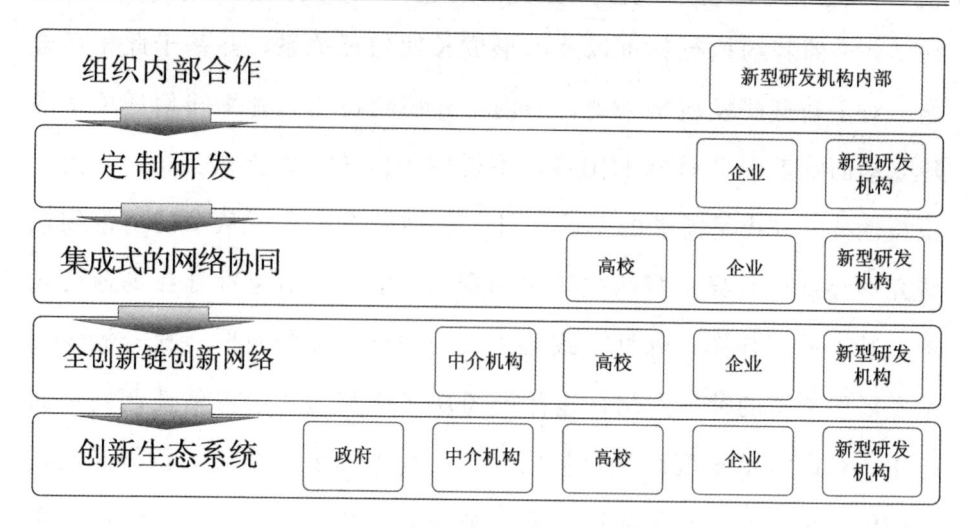

图 1-1 创新生态系统的不同层次

从微观层面来说，新型研发机构打造创新生态系统有利于提升组织公平，进而有效促进科研人员减少冲突、增进协同。组织公平包括分配公平、程序公平和互动公平三个维度[25]。从分配公平角度来说，研发过程和科研成果的信息搜集和智能化的计算，可以更好地保证薪资和奖励的公平性[26]；从程序公平角度来说，打造创新生态系统不仅明确了科研工作各环节的权责，还在客观上有效实现了业务办理的程序公平；从互动公平的角度来说，互动公平包含人际公平和信息公平两个要素[27]，数字技术的特征先天保障了信息公平，打造创新生态系统会导致科研人员之间的沟通更加结构化[28]，排除了在面对面沟通过程中的情感表达和语义暗示的成分，这就最大限度地保证了人际公平。通过组织公平的实现，数字化技术可以有效提升科研人员的工作满意度和获得感，提升机构内部协作水平。

从宏观层面来说，打造创新生态系统有助于打破从原始创新到成果转化各环节之间的信息屏障，提升技术、知识、成果、市场信息等资源在创新链中的传播速率，减少信息的延迟和失真。以信息流带动技术流、资金流、人才流，形成协同化、定制化、柔性化、绿色化的科技创新体系。打造创新生态系统不是某个机构孤立的活动，而是创新链上组织、利益相关者不断交互的过程[29-30]。从而，根据创新链上各个环节的参与程度的不同，可以将科技创新数字化深度分为五个层级。打造创新生态系统除有助于提升机构内部组织合作水平之外，与企业的对接也可以将市场对技术的需求信息更好地传达给研发机构；与高校的对接有助于盘活高校的成果资源、人才资源；与中介机构的对接有助于更好地寻找和利用市场上的创新要素，整合社会资源；与政府的对接将更好地增强全社会的系统联动。打造创新生态系统有助于增进科技创新协同水平，形成创新链条上的良性循环[31]，提升科技创新的整体效能。

第二章　新发展格局下构建创新生态系统的重要意义

2.1　近十年我国科技创新的态势[①]

在以习近平同志为核心的党中央坚强领导下,十年来,我国深入实施创新驱动发展战略,坚定不移走中国特色自主创新道路,大力建设创新型国家和科技强国,科技事业发生了历史性、整体性、格局性重大变化,成功进入创新型国家行列。

十年来,中国在全球创新版图中的地位和作用发生了新的变化,既是国际前沿创新的重要参与者,也是共同解决全球性问题的重要贡献者。我国全社会研发费用是 2012 年的 2.7 倍,基础研究费用是 2012 年的 3.4 倍。创新能力显著增强:世界知识产权组织发布的全球创新指数排名显示,中国从 2012 年的第 34 位上升到 2021 年的第 12 位。科学发展水平稳步提升:2022 年我国科学创造力水平在 35 个测度国家中的排名由 2012 年的第 29 位上升至第 18 位。技术开发水平优势明显:《国家创新力报告》中的数据显示,2022 年我国技术开发力在 35 个测度国家中位居第 5 位,较 2012 年的第 19 位上升 14 个名次,是这一时期 35 个测度国家中上升最快的国家。

十年来,研发投入和产出都保持着高速增长态势。全社会研发投

[①] 本节数据来源于国家统计局官网(https://stats.gov.cn/)

第二章 新发展格局下构建创新生态系统的重要意义

入从2012年的1.03万亿元增长到2021年的2.79万亿元，位居世界第二，研发投入强度从1.91%增长到2.44%，接近经合组织国家的平均水平。2021年基础研究经费投入是十年前的3.4倍，占研发经费比例的6.09%，达到历史最高值。从过去长期徘徊在5%左右，到现在超过6%，说明我们正在厚植基础、苦练基本功。

高强度的科研投入带来的是科技产出量质齐升，2021年高被引论文数为42920篇，排名世界第2位，是2012年的5.4倍，占世界比重为24.8%，比2012年提升17.5个百分点；每万人口发明专利拥有量从2012年的3.2件，提升至2021年的19.1件；PCT（Patent Cooperation Treaty；专利合作条约）专利申请量从2012年1.9万件增至2021年6.95万件，连续三年位居世界首位。

在"创新是第一动力"的普遍共识下，科普载体数量和公民科学素质也有了显著提升。我国实体科技馆从2012年的118座，增长到目前的408座。流动科技馆累计巡展4944站，科普大篷车行程里程超过5000万公里，农村中学科技馆累计建设1112所，中国数字科技馆的用户达1500多万，中国特色的现代科技馆体系服务线下公众超过8.5亿人次。我国公民具备科学素质的比例由2015年的6.2%提升到2020年的10.56%。

2.2 我国科技发展面临的重大挑战

2.2.1 人工智能等重大领域面对激烈竞争，核心关键技术与外部差距拉大

当前新一轮科技革命和产业变革突飞猛进，科技创新广度显著加大、深度显著加深、速度显著加快、精度显著加强。在人工智能等重大领域科技创新已经成为国际战略博弈的主要战场，围绕科技制高点

的竞争空前激烈。以人工智能领域为例，中国和美国已被公认为走在世界人工智能研发应用的前列。尽管华为、阿里巴巴和百度已经展示出设计先进的人工智能芯片的能力，但是我国在人工智能领域在工业软件、芯片制造等方面仍然容易受到外部供应链影响。在人工智能领域激烈的全球竞争面前，一旦基础软、硬件供应受限，我国在人工智能领域的领先优势将很可能被抹平，与国外的技术差距会被迅速拉大。

2.2.2 社会科技资源组织模式有待探索，科研重复无序现象明显

随着科学研究从最初的以学术机构自由探索为主的"小科学"时代，进入由国家为主导、社会各界力量共同推动协同创新的"大科学"时代，交叉创新越来越成为一种重要的创新形式，带动产出很多颠覆性、引领性的重大科学发现和技术创新成果。我国现有科研院所3000多所，高等学校3000多所，有研发活动的规模以上工业企业13万家，这些创新主体大多各自为战，跨部门、跨领域的协同创新数量较少，科学研究仍然存在广泛的重复和无序。各地区、各层级、各领域都难以广泛地做到"有组织的科研"。

2.2.3 快速发展中创新政策供给不充分，科技创新社会成本较高

我国的创新体系整体效能还不够强，企业作为重要的创新主体在国家创新体系中的作用发挥还不够，很重要的原因在于在经济的快速发展中创新政策供给不充分。企业作为一类重要的创新主体创新成本仍然较高。一是企业创新效率低、风险大、持续性的科研投入得不到保障；二是我国一直以来难以形成各级政府多元化创新政策合力，科技创新政策与产业政策、财税政策、金融政策割裂，政策的导向作用难以发挥；三是创新活动的容错空间小，知识产权侵权成本低、维权成本高。这些都抑制了企业家的创新积极性。

2.3 创新生态系统对于应对重大挑战和支撑"新发展格局"的全局性作用

科技创新在我国经济发展中的重要性与日俱增。无论是建立高水平的市场经济和开放体制，还是建立高质量发展机制，都必须进一步做好科技创新，推动科技成果转化和产业化。尤其是在新时代、新周期下，应对重大挑战和构建双循环格局需要通过科技创新对经济运行的各个环节进行深刻调整。具体来说，创新生态系统对于应对重大挑战和支撑"新发展格局"的全局作用体现在五个方面。

第一，畅通产业链形成市场循环离不开创新生态系统。要形成国内大循环，在供给侧需要形成健全的生产供应系统，保障各类产业链的安全。稳定的产品生产离不开技术供应。在全球科技博弈中，以美国为首的西方国家对我国实行技术封锁和科技生态排斥。在此形势下，我国"两头在外"的产业结构面临材料和技术供应的短缺。工信部原部长李毅中在2019年央视财经论坛上提出，目前中国在关键零部件元器件和关键材料上的自给率只有1/3。关键材料供应不足源于关键技术的缺失。以芯片生产为例，目前芯片制造领域的顶尖技术被美国等几个发达国家垄断，高端芯片断供给华为的手机生产带来了严重的阻碍。因此，在关键领域一定要坚持自力更生，摆脱对外国的依赖。只有通过科技创新提升自主研发能力，才能尽快畅通产业链，形成市场良性循环。

第二，深化供给侧改革，优化产业结构离不开创新生态系统。构建新格局需要以需求侧牵引深化供给侧改革，引导生产者提供更高质量的商品和服务。产业升级是实现产业基础现代化，提供高质量商品服务的前提，是构建新发展格局的重要环节[32]。我国现有产业整体存在着产品附加值偏低、生产方式粗放等问题。对于现有产业来说，将应用研究和技术开发成果应用于现有产品生产流程和工艺，能够提升产品附加值、生产资源集约化程度和生产流程自动化程度。科技创新还能催生新兴产业，加快新型基础设施建设，培育经济新增长点。新科技的出现通常伴随着新产业的涌现，例如，当下如火如荼的新能源汽车产业离不开锂电池、电机和电控等创新技术。只有通过科技创新完成产业升级，实现"中国制造"向"中国智造"的跨越，将更多高端中国制造推出国门，才能在全球产业价值链重构的过程中掌握制高点，形成高水平的国际产品循环。

第三，提高商贸流通效率离不开创新生态系统。在以国内大循环为主体、国内国际双循环的新发展格局下，流通体系地位更加凸显。商贸流通体系健全度代表着国内市场的发育程度，是国内外市场深度接轨的纽带[33]。习近平总书记在2020年9月9日主持召开中央财经委员会第八次会议时强调，流通体系在国民经济中发挥着基础性作用，构建新发展格局，必须把建设现代流通体系作为一项重要战略任务来抓。我国流通体系存在数字化程度低、流通基础设施供给不足和物流成本过高等问题。通过科技创新，深度结合大数据、云计算、区块链等技术，可以实现信息流对商品流的精准匹配和高效调度，完成"多式联运"下物流全流程的无缝衔接，真正实现流通体系的降本增效，为畅通市场大循环提供便捷高效低成本的物流服务。

第四，消费升级离不开创新生态系统。科技创新对消费升级具有重大的引领作用。随着5G、大数据、云计算、虚拟现实等技术的成熟，消费市场也经历着向成本更低廉、渠道更多元、业态更新颖的深刻变革。商品生产率的提高和共享经济的蓬勃发展，带来商品成本的不断下降。电商平台利用数据积累和算法优化，提供消费品的精准推送，降低了消费者主动搜索商品的时间成本。成本的降低提升了消费者的

第二章　新发展格局下构建创新生态系统的重要意义

购买力和购买欲。互联网经济使得消费网络得以纵深拓展，电商平台的渠道下沉使得三四线城市、农村地区、西部地区的人群能够接触到品类更齐、质量更高的消费品供应，释放了大量消费潜力。直播带货、无人零售、移动支付等消费新业态层出不穷，给消费者带来全新的消费体验，激发了"Z时代"消费者的购买欲望。这些领域发展空间巨大，成长迅速，经济社会效益显著，对上下游行业带动性强。恰恰是因为科技创新从产品到行为彻底重塑了"消费"概念，为扩大内需构建双循环格局提供了坚实的技术支撑。

综上所述，构建创新生态系统的基础体系可以从以下三个方面着手。一是制定创新激励政策，引导创新主体集聚，推进产业技术创新生态系统协同创新网络建设；制定核心企业培育政策，形成以核心企业为主导的产业技术创新生态系统。在产业技术创新生态系统的形成和发展过程中，发挥核心企业的发动机作用，通过制定人才流动、技术市场培育政策、知识产权保护政策等政策，保障创新体系的全面发展，降低创新主体进入体系外的壁垒，促进人才、信息、技术等资源从外部环境向体系内流动，从而构建创新生态系统的支撑体系。二是鼓励和支持企业参与政府科技计划。对于市场前景明确的项目，信息公开可以通过政府主导的组织、企业和高校院所等落实，政府应当充分发挥提供信息服务的职能和义务。明确信息统计的程序和规范，为产业技术创新生态系统创新活动提供及时有效的支持，从人才服务体系、技术服务体系、金融服务体系、中介服务体系等方面完善服务保障体系。三是构建创新生态系统优化的引导体系。在安全系统运行的基础上，要发挥科技创新的引领和引导作用，积极争取制度创新动力，保障产业技术创新生态系统的平滑演进，积极鼓励创新提供者推动技术创新，提供技术创新交流，邀请创新主体参与科研机构知识互动。

中篇　新型研发机构内部创新生态系统构建

第三章 面向能效提升的新型研发机构职能部门设置

组织结构的根本目的是为机构的核心目标服务的。创新生态系统作为新型研发机构建设的重要目标,是新型研发机构努力的重要方向。而如何组织新型研发机构的内部资源和能力,准确、高效地逼近新型研发机构前进的方向,是对新型研发机构组织结构做调整需要思考的核心命题。本章结合既有的理论研究成果,系统梳理了面向创新生态系统构建的新型研发机构的治理模式和职能设置相关研究,探讨了新型研发机构职能部门设置的学理基础,为后续章节设计面向创新生态系统构建的新型研发机构职能部门设置奠定理论基础。

3.1 职能部门设置相关文献综述

国外并无与"职能部门"对译的术语,在某些公共治理(agency governance)领域研究中与"agency"对应的"核心"(core)可以认为就是与中文"职能部门"相对应的组织,而与"agency"相对应的就是"研究部门"或者"专业机构"。有学者认为,可以将政策自主权、人事自主权、财务自主权、管理自主权、业务自主权下放到研究部门以提升管理效率[34],职能部门需要做好事前控制和事后控制[35]。当然,也有持相反观点的研究,认为职能部门机构设置要面向对研究部门工作关键节点的管控[36]。无论哪一派研究,都认同职能部门设置的目的是维持"管理权"和"自主权"之间的平衡,最大限度地发挥对研究部门支撑的效能。

国内有关职能部门的研究多集中于各级行政机构的优化和重组。国内学者的研究以政府行政机构的优化为中心展开。职能部门优化至少有三条路径：职能整合和流程再造相结合,强化对决策过程的监督和构建部门间的"伙伴关系"[37]。从原则上来说,职能部门的安排是删繁就简,要消除重复交叉。尽可能地提升专业职能部门的专业性[38]。一是要提升各职能部门的自主权,在权责一致的前提下,将工作尽量交由专业的职能部门完成,并不断提升其专业性。二是要增强职能部门柔性治理能力[39]。三是要将职能部门分为"决策型"和"服务型"两种类型并据此建立职责导向的"闭环式"职能部门运行协同机制[40]。从以上研究可以看出,尽管具体做法略有不同,但多数研究都提到了提升部门间协同水平和提升专业职能部门的专业技能是提升职能部门管理能效的有效途径。参考以上研究,在新型研发机构职能部门设置优化的过程中,一是要明确职能部门设置调整的主要目标和各项任务的优先级别,要根据各职能部门的特点分类探讨优化方案；二是要在增强职能部门柔性治理能力的同时利用职能部门设置的优化提升专业型职能部门的专业能力；三是通过职能部门设置和流程设计密切配合,在保证各职能部门自主权的同时要保证权责一致,避免事权下放、事责不明的情况。

3.2 新型研发机构部门设置的特点

一般来说,不同类型的研究机构其内部职能部门设计存在着本质的不同[41]。新型研发机构的管理、决策、绩效评价、薪酬等方面均与传统科研院所不同。根据发展阶段、投资主体、功能定位、单位性质、组织架构等分类标准可以将新型研发机构分为不同的类型。实际上,

第三章　面向能效提升的新型研发机构职能部门设置

不同类型的新型研发机构，在具体的治理机构、部门设置、人员安排上呈现不一样的特征。新型研发机构职能部门应根据新型研发机构的以下特征设置。

一是投入模式多元化。新型研发机构多元化的项目投资机制，有利于进一步加快科技体制改革的步伐，具有更强的创新策源能力，这主要体现在：新型研发机构体制机制设计的合理性以及与市场需求的紧密联系，能够有效引导国家研发经费投入于重点项目中，使科研投入得以保障，研发能力得以提高；对于研发周期较长、依赖长期大量投入及研发收益偏低的产业共性技术，新型研发机构的职能使命决定其承担产业共性关键技术研发的关键角色，是衔接科技与经济发展的重要桥梁。

二是管理模式企业化。新型研发机构往往建立了灵活的企业化现代管理机制，利用市场经济手段促进了创新资源集聚，有利于整体创新效率的提升[42]。新型研发机构在其运作过程中，以市场需求为导向，通过技术研发、技术转移、技术服务、项目孵化、人才培育等一体化服务，支撑引领现代产业发展，打通了创新链条，有效解决了科技与市场"两张皮"的问题，打通了科技成果转化的"最后一公里"。

三是内部治理独立化。新型研发机构实行理事会领导下院长负责制的法人治理模式，其独立的内部治理模式有利于破除体制机制障碍，释放科技创新活力[43]。新型研发机构具有独立的法人资格，围绕技术研发建立完善的科技成果转化机制与人员奖励机制，其管理实行理事会领导下的院长负责制，并设立相关的监管部门，相比传统科研院所更具管理优势。

四是协同创新常态化。相较传统科研院所而言，新型研发机构建立了产学研合作创新机制，充分整合创新资源，促进了科技体制与市场经济接轨。新型研发机构通过建立产学研合作创新机制来实现对创新资源的配置，不断探索最为合适的科技成果转化机会及场所，为新技术的转移转化创造了良好条件，同时为知识群落与产业群落建立了衔接桥梁，对科技资源配置方式、评价制度等进行调整优化，相比传统科研院所更为有力地保证了产学研合作的高效运转[44]。

五是激励模式人性化。新型研发机构通过建立人性化激励机制吸引和培育了大量创新人才，为创新力量的集聚提供了有效支持。新型研发机构通过逐步建立引进培育优秀人才、鼓励创新的持续性激励机制，提升研发机构对优秀人才的吸引力；同时通过推动传统产学研合作向纵深发展，建立开放式的创新模式，不再让人才培养的期限受到科研项目周期的影响，既能引进国外高层次研究团队，又能集聚邻近高校和科研院所的优秀人才，有效地实现了创新力量的集聚与创新能力的提升，促进了技术研发进程，保障了科技成果落地转化[45]。

2019年科技部在《关于促进新型研发机构发展的指导意见》中要求新型研发机构"原则上应实行理事会、董事会（以下简称'理事会'）决策制和院长、所长、总经理（以下简称'院所长'）负责制"，还要"建立咨询委员会，就机构发展战略、重大科学技术问题、科研诚信和科研伦理等开展咨询"。从顶层设计来说，新型研发机构的组织结构既要体现举办方的意志，又要能够满足科研工作的需求。因此，新型研发机构通常采用多方组成的理事会作为最高决策机关，下设主任办公会作为日常运行的决策机关，监察审计委员会作为日常的监督机关，各个管理部门（委员会）作为决策的执行部门，共同组成扁平的柔性化治理结构。按照"多元开放、互利共赢、多主体治理、柔性化、权利制衡"的设置原则，一般可以将新型研发机构的组织架构及其相关职能划分为决策层、执行层和监督层三个层面。考虑到新型研发机构职能部门的设置特点，可以建立一种通用的新型研发机构组织架构模型，如图 3-1 所示[46]。

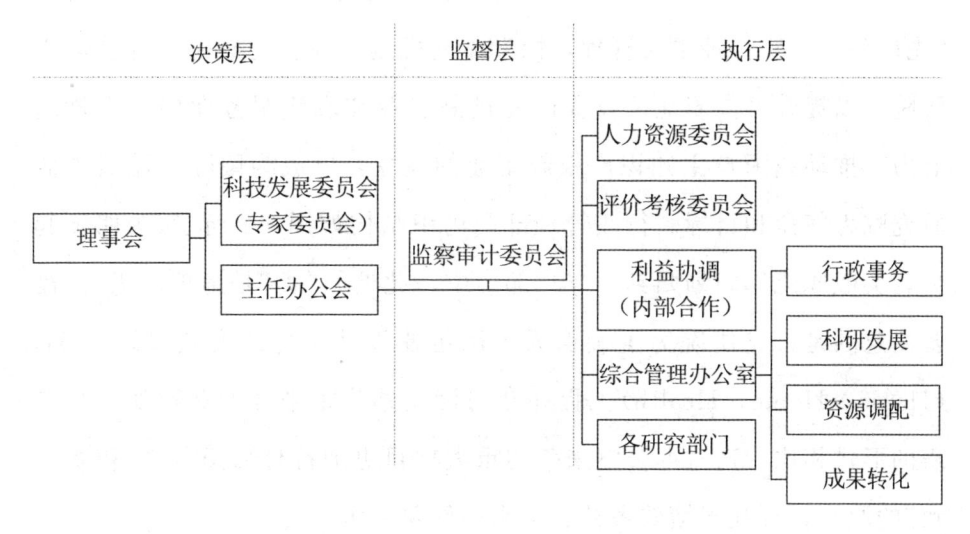

图 3-1 典型的新型研发机构组织架构

新型研发机构建设内部创新生态系统的目标就是最大限度地发挥新型研发机构扁平化组织结构的优势、强化各部门之间的沟通和协作、强化评价考核和利益协调，实现行政服务与科研部门需求的紧密衔接。通过优化职能部门机构的设置、合理安排人员数量和整合各部门的职能安排，更好地避免职能交叉和协同效率低下等问题，提升新型研发机构职能部门管理和服务的综合效能。

3.3 国内新型研发机构职能部门设置案例分析——以中科院深圳先进技术研究院为例

不同研发机构其职能部门的设置千差万别。本部分内容将中科院深圳先进技术研究院作为典型案例，重点分析了研发机构职能部门与科研部门工作人员数量的比例，并分析了新型研发机构为何会有这样的人员配比安排。

2006年2月，中国科学院、深圳市人民政府及香港中文大学友好协商，在深圳市共同建立中国科学院深圳先进技术研究院（以下简称"先研院"），实行理事会管理，探索体制机制创新。先研院对标台湾工研院，以提升粤港澳地区及我国先进制造业和现代服务业的自主创新能力，推动我国自主知识产权新工业的建立，以成为国际一流的工业研究院为使命和目标。行政管理部门组织结构如图3-2所示（为明晰起见，类似职能部门划归到一"类"部门中，此处的"类"是虚拟层级）。需要注意的是，先研院为了确保人才队伍建设及可持续发展谋划了3H（Harse，Home，Health）工程并专门设立办公室来确保和落实。与专班的形式相比，通过办公室来落实重大项目更加符合部门设立"权责一致"的原则，有利于绩效考核、工作评价和工作落实。

从人员配比的角度来说，先研院目前一般要求1名管理人员要支撑10名学生/科研人员的科研工作。职能部门目前总人数在400~500人，学生2000人，员工6000人。从比例上来看，1个职能部门需要服务4个学生，6个研究员，行政人员比例要明显低于浙江大学。之所以能够做到这一点，主要靠的是行政人员与科研人才的密切配合。具体做法如下。

第一，由研究人员和职能部门人员双向选择自己的搭档。职能部门人员需要与合作的科研人才完成科研关键绩效指标（key performance indicator，KPI）；引进人才刚到先研院不了解情况，可以求助于合作的职能部门人员。职能部门需要帮助首席研究员（principal investigator，PI）筛选对接先研院内外的资源，财务、人力、信息化等专业化的职能部门把控项目预算、调整薪酬体系、调控设备。通过这种形式分解先研院的全年任务指标。

第三章 面向能效提升的新型研发机构职能部门设置

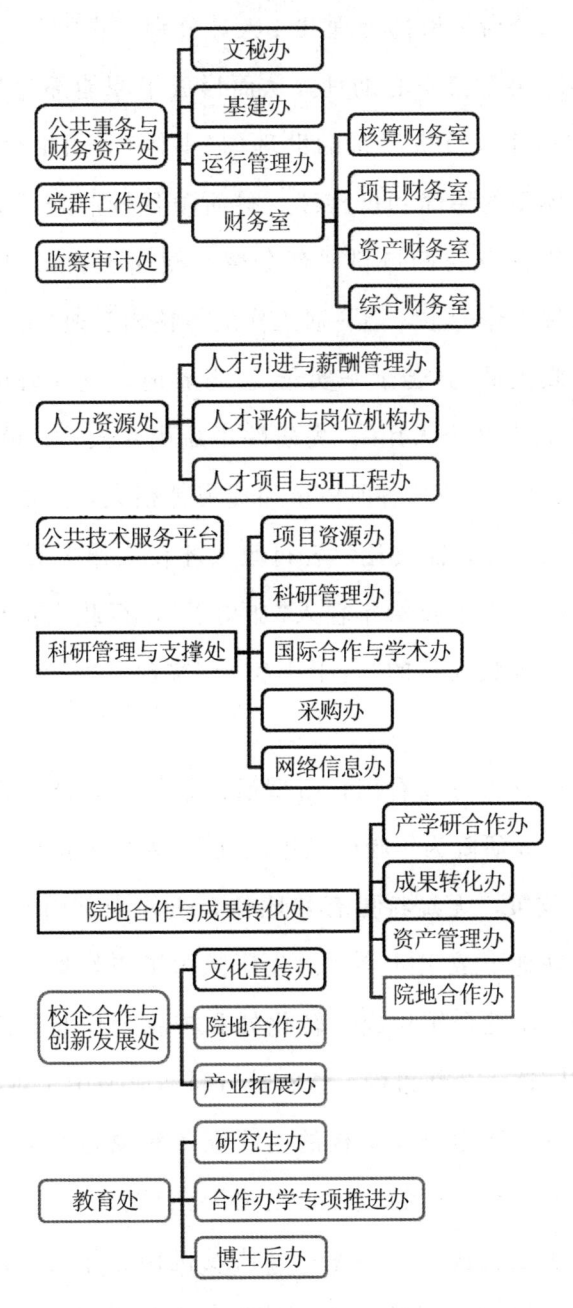

```
公共事务与财务资产处 ─┬─ 文秘办
                    ├─ 基建办
                    ├─ 运行管理办
                    └─ 财务室 ─┬─ 核算财务室
                              ├─ 项目财务室
                              ├─ 资产财务室
                              └─ 综合财务室
党群工作处
监察审计处

人力资源处 ─┬─ 人才引进与薪酬管理办
           ├─ 人才评价与岗位机构办
           └─ 人才项目与3H工程办

公共技术服务平台
科研管理与支撑处 ─┬─ 项目资源办
                ├─ 科研管理办
                ├─ 国际合作与学术办
                ├─ 采购办
                └─ 网络信息办

院地合作与成果转化处 ─┬─ 产学研合作办
                    ├─ 成果转化办
                    ├─ 资产管理办
                    └─ 院地合作办

校企合作与创新发展处 ─┬─ 文化宣传办
                    ├─ 院地合作办
                    └─ 产业拓展办

教育处 ─┬─ 研究生办
       ├─ 合作办学专项推进办
       └─ 博士后办
```

图 3-2　先研院院职能部门的组织架构图

第二，通过秘书桥对接职能部门和下设所和中心。先研院共有 8 个所，每个所，每个所有所部助理共4人，分别负责财务、人事、科研、教育，所部助理再对接中心助理，从而形成了职能部门与科研部门紧密联系的工作体系。负责联系的助理（秘书桥）必须由全职人员担任，从而保证工作体系的稳固和可持续。科研项目按照来源分为纵向项目和横向项目，纵向项目归口科研部分管，横向项目归口合作部分管。党群部门以常规工作为主，与科研工作的考核相互独立。

第三，行政人员的"苦干＋实干"。考察时，先研院的领导提出行政人员要"1个人当2个人用"。先研院不缺优秀人才，就怕不能"人尽其才"。客观来说，先研院各所体量和规模都很大，人员规模和素质都还处于上升成长阶段，需要让年轻行政人才在工作中历练成长。因此，先研院在工作安排中不断给年轻人"加担子"，行政人员也都能够勇敢"挑担子"。通过行政人员的"苦干＋实干"实现了"1个人当2个人"的效果。

从以上案例分析可以看出，新型研发机构在职能部门设置上具有更高的灵活性。先研院为了吸引人才成立了"人才项目与3H工程办"统一安排和发布政策，无疑将更有效地整合机构内部引、育、留、用人才的资源，更好地形成引才合力。先研院为了更好地利用中科院的创新资源，分别在院地合作与成果转化处和校企合作与创新发展处下设置"院地合作办"这一全新机构，这在传统科研院所中是难以实现的。

从原因来说，新型研发机构的主要服务对象是企业，按市场规律办事是新型研发机构得以持续发展的必要条件。一方面，遵循企业的发展规律和市场运行规律，确保新型研发机构运作的灵活性、自主性和开放性。只有灵活的组织机构，才能保证新型研发机构飞得更高、走得更远。另一方面，新型研发机构从事的是具有前沿性、集成性和持续性的项目，对接现实的产业需求，注重培育未来新兴先导产业。

传统的组织结构有可能会限制前沿技术和先导产业发展，因此就必须在组织结构上有所变革。

3.4 新型研发机构组织结构现状调研

3.4.1 调研问卷的设计构思

研究目的：为进一步优化新型研发机构职能部门设置，科学配置职能部门人员，凝练职能部门进一步发展优化的行动策略，面向各职能部门（中心）负责人开展调研。

调研内容：一是通过调查新型研发机构员工对自己和同事忙碌程度的认知来判断职能部门总体工作饱和情况；二是通过调查新型研发机构员工对于解决工作过饱和措施的态度来判断何种方法更有利于提升职能部门服务能效；三是通过问题设计综合考察新型研发机构员工对于职能部门设置工作的态度。

调研方法：由于研究数据无法直接获得，因此研究过程中采取问卷调研法。由于时间的限制，无法全部通过现场发放纸质问卷，因此采用网络调研的形式开展。为确保结果的准确性和调研过程的严肃性，被调查的人员定位于在对新型研发机构的整体情况、相关制度和管理要求了解的人员。同时，为确保调研的严肃性和规范性，选择的被调研人员为各职能部门主要领导及内设中心主任。2021年12月10日至12月31日为调研问卷的回答阶段，逾期未提交的问卷按未回收问卷处理。问卷设计请参考附件1。

3.4.2 调研结果

本次调研共获得有效问卷48份，其中，来自职能部门问卷33份，来自科研部门的问卷15份，回收率64%，高于60%。在行政型职能部门方面，来自行政型职能部门的问卷占比为69%，来自科研部门的问卷占比为31%。在被调查者中,来自各职能部门负责人的问卷17份;各职能部门下设中心负责人的调查问卷16份。入职未满一年研究中心的负责人5份;入职一年以上研究中心的负责人10份。回收的问卷基本上涵盖新型研发机构内部不同部门不同类型负责人的意见,具有较高信度和效度,可以认为调查结果与新型研发机构的现实情况相对一致。各个问题的回答统计如表3-1所示。

表 3-1a 职能部门问卷回答情况

序号	问题	选项		
1	您认为所在部门现有员工数量与现有业务需求人数匹配情况如何?	不满足需求 (88.2%)	大致匹配 (11.8%)	
2	您认为所在部门高质量完成现有业务需新增多少人?	1~2人 (40.0%)	3~5人 (33.3%)	6人以上 (26.7%)
3	您所在部门是否有拓展新业务的需求?拓展新业务需新增多少人?	5人以下 (75.0%)	6人以上 (20.0%)	否 (5.0%)
4	您所在部门/中心核心业务岗位是否有设置A/B角?	是 (64.7%)	否 (35.3%)	
5	您目前工作强度如何?	非常忙碌 (85.3%)	一般忙碌 (14.7%)	
6	如何才能降低您的工作强度?	优化流程 (47.1%)	调整分工 (35.3%)	提升技能 (17.6%)
7	您的同事的工作强度是否和您一样?	差不多 (64.7%)	我更忙碌 (20.6%)	比我更忙 (11.7%)
8	与过去相比您的工作强度如何变化?	有所增加 (97.1%)	有所减少 (2.9%)	
9	您的工作强度改变的原因是?	分工调整 (61.8%)	优化流程 (26.4%)	提升技能 (11.8%)

第三章　面向能效提升的新型研发机构职能部门设置

续表

序号	问题	选项		
10	和过去相比您的同事工作强度有何变化？	有所增加 (91.2%)	基本没变 (8.8%)	
11	您的工作是否有进一步提升的空间？如有，如何提升？	有，靠机制 (52.9%)	有，靠努力 (47.1%)	无 (0%)
12	您的工作是否取得了各方满意？	是，各方都满意 (76.5%)	否，服务对象不满 (8.82%)	否，同事不满意 (11.8%)
13	如何才能够提升各方对您工作的满意度？	优化流程 (47.1%)	分工调整 (20.5%)	提升技能 (32.4%)
14	您在日常工作中花费最多精力在哪方面？	文字工作 (44.1%)	部门内沟通 (14.7%)	部门间联络 (41.2%)
15	您认为应该如何优化职能部门组织结构？（多选）	调整职能 (68.2%)	调整组织架构 (59.1%)	设立新部门 (27.3%)
16	您认为如何才能提升您工作需要的技能？（多选）	干中学 (76.5%)	专题培训 (58.8%)	轮岗 (58.8%)
17	工作已过度饱和的情况下如果有新任务您会？（多选）	争取增派人手 (87.5%)	转交部门同事 (34.4%)	转交其他部门 (8.8%)
18	在已经完成本职工作的前提下您会如何将工作做得更好？（多选）	重新审视工作 (80.0%)	帮助部门同事 (80.0%)	考虑流程优化 (80.0%)

注：表中比例数据基于回答该问的有效问卷数计算得出。

3.4.3　职能部门调研结果分析

第一，多数职能部门面临人手不足的情况。88.2%的被访者认为所在部门现有员工数量与现有业务需求人数不匹配。结合第2题的回答结果来看，约六成被访者认为高质量完成所在部门现有业务目标需新增新增3人以上。从第3题的回答来看，除约5%的受访者认为部门暂无拓展业务需求外，其余的受访者均认为部门有拓展新业务需求，且需要增添新的人手，甚至有五分之一的人认为需要增加6人才能做好新业务的拓展工作。从第4题的回答来看，35.3%的岗位没有配齐A/B角。在职能部门配置了A/B角的情况下缺口会更大。

第二，多数职能部门工作人员认为自己工作非常忙碌且应该优化工作流程、调整分工。从第5、6题的结果来看，职能部门人员不足造成的最直接结果就是多数员工工作非常忙碌(85.3%)且认为这种忙碌可以靠个人提升技能解决的仅占17.6%，大多数受访者都认为工作忙碌需要靠优化流程和调整分工来解决。从第7题的回答来看，多数受访者认为目前工作的忙碌非个别现象(回答"我更忙碌"的仅占20.6%)。从第8题、10题、11题的回答来看，受访者认为员工的忙碌程度还在不断加重。这就使得员工对通过个人努力从而提升效率缺乏信心(回答靠努力提升工作的仅占47.1%)，大部分职能部门同事都希望通过优化流程(47.1%)或者通过提升个人技能(32.4%)而非调整分工(20.5%)来改善现有行政服务质量。从第16题的回答来看，多数员工也会选择在工作中学习提升个人技能(76.5%)而非专题培训(58.8%)或轮岗(58.8%)。以上结果反映了多数职能部门员工认为自身工作已接近饱和(5题)，单靠个人努力已经难以有效提升职能部门工作能效(11题)，在不改变现有工作流程和管理机制的前提下想要提升职能部门工作的能效只能增派人手。反过来说，在控制职能部门人数总量且不降低职能部门服务水平的前提下，必须改变现有工作流程和管理机制。将近半数被访者认为优化工作流程(47.1%)是最有效的提升服务满意度的做法。职能部门工作人员日常文字工作所用精力(44.1%)甚至要小于沟通所耗费的精力(55.9%)，细化到沟通对象的维度后发现职能部门工作人员日常文字工作(44.1%)与部门间联络工作(41.2%)所耗费的精力几乎相同。优化流程将有望降低沟通所耗费的精力,该结果佐证了优化工作流程可以提升职能部门工作效率的结论。

第三,在无法大范围调整分工的前提下,多数员工认可优化调整组织结构。本调查聚焦于如何通过优化职能部门设置来提升职能部门工作能效,因此,需要进一步考察通过职能部门组织结构来优化工作流程的路径。问卷中设置了4个多选题以考察员工对于优化职能部门组织结构的态度和意愿,从第15题的回答结果来看,设立新部门并不被多数员工所认可,约六成员工更加希望通过调整组织架构和部门分工来提升职能部门工作效能。考虑到调整组织架构和部门分工都具有较强的刚性,其改变并非一朝一夕。在人员、组织架构和部门分工全部不能调整的现行制度下,一旦发生工作过饱和的情况,除了争取增派人手(87.5%,如成立专班、借调人员)外,更多的同事选择在部门内(34.4%)而非向部门外(8.8%)寻求帮助。正因部门之间的人员流动较少,多数部门对于其他部门忙碌与否并无了解,以部门为区隔的信息孤岛加重了职能部门员工的忙碌感。在顺利完成工作后,多数员工愿意采用重新审视已经完成的工作(80.0%)、帮助部门同事分担一些工作(80.0%)或考虑业务流程优化问题(80.0%)的方式提升工作质量。这说明员工有充分的意愿在工作之余帮助其他人分担一部分工作,建立一定的机制帮助各部门"平峰填谷"解决不同季节忙闲不均的问题具有一定的可行性。

表 3-1b 科研部门问卷回答情况

序号	问题	选项		
1	现有员工规模是否可以支撑您所在中心新业务的拓展？	否，不满足业务拓展需求 (93.7%)	是，满足业务拓展需求 (6.3%)	
2	您认为所在中心支撑现有业务需求预计需新增多少人？	1~2人 (40.0%)	3~5人 (40.0%)	6人以上 (20.0%)
3	您认为所在中心是否有拓展新业务的需求，预计需新增多少人？	5人以下 (57.2%)	6人以上 (21.4%)	否 (21.4%)
4	您目前工作强度如何？	非常忙碌 (86.7%)	一般忙碌 (13.3%)	
5	通过以下哪种手段更有可能降低您工作强度？	优化行政服务 (93.3%)	调整分工 (6.7%)	
6	您所在的研究中心其他同事的工作强度与您相比？	我更忙碌 (66.7%)	差不多 (33.3%)	
7	与去年同期相比您的工作强度？	有所增加 (80.0%)	入职未满一年 (20.0%)	
8	假设因职能部门有力支撑，您所在的研究中心工作强度有所降低，最有可能的原因是？	与职能部门协同 (66.7%)	职能部门工作能力提升 (26.7%)	分工调整 (6.7%)
9	和去年同期相比中心同事的工作强度？	有所增加 (80.0%)	入职未满一年 (20.0%)	
10	在不增加工作强度的情况下，哪种改进更有可能提升您的科研效率？	体制机制变革 (86.7%)	中心同事合作 (6.7%)	难以改进 (6.7%)
11	如果您所在的中心无法按时完成预期科研项目目标，您会首先选择？	加班抢进度 (73.3%)	与甲方沟通 (20.0%)	向新型研发机构寻求帮助 (6.7%)

续表

序号	问题	选项		
12	目前制约您所在中心科研效率提升的最主要问题是？	缺少行政服务有效支撑 (53.3%)	工作流程不合理 (26.7%)	科研水平有待提高 (20.0%)
13	职能部门的何种工作调整有希望更好地服务您所在的研究中心？	流程优化 (40.0%)	加强联络 (33.3%)	完善组织结构 (26.7%)
14	分工调整过程中，您认为应该如何优化职能部门的组织结构？（多选）	调整分工 (83.3%)	调整架构 (33.3%)	
15	您认为如何才能提升您工作需要的技能？（多选）	干中学 (100%)	专题培训 (33.3%)	轮岗 (33.3%)
16	工作已过度饱和的情况下如果有新任务您会？（多选）	争取增派人手 (80.0%)	转交其他中心 (28.6%)	

注：表中比例数据基于回答该问题的有效问卷数计算得出。

3.4.4 科研部门调研结果分析

第一，多数科研部门同样面临人手不足的情况。从第4题来看，机构内部科研人员大部分认为自己的工作强度较高，非常忙碌（86.7%）。从第6题来看，三分之二受访者认为自己要比别人更加忙碌（66.7%），且80.0%受访者认为与去年同期相比忙碌程度还在不断加重（第7题）。从第5题来看，绝大多数受访科研人员（93.3%）认为优化行政服务可以降低自己目前的工作强度。从第8题的回答来看，不一定必须要求职能部门工作能力的提升才能降低自己的工作强度，三分之二的受访人员认为做好与职能部门协同也是降低工作强度的有效手段之一。从调查结果来看，通过职能部门和科研人员的密切配合有望改善行政服务效率、提升行政服务质量、降低科研人员工作负担。

第二，从第10题的回答来看，大部分受访科研人员(86.7%)都认为通过体制机制变革更能有效提升科研效率。从12题回答结果来看，超过一半的科研人员(53.3%)认为制约各中心科研效率提升的主要因素仍然是职能部门行政服务能力支撑不够。从第13题的回答结果来看，多数受访者认为进一步优化流程(40.0%)和加强联络(33.3%)是现阶段职能部门更好地支撑科研部门发展的主要方式。

以上调查结果反映了多数科研人员工作已接近饱和，提升职能部门工作能效在一定程度上可以提升科研人员的工作效率，在控制职能部门人数总量且不降低职能部门服务水平的前提下，必须进行一定度的体制机制变革，如流程优化、加强联络或者组织架构的调整等。

3.4.5 调研结果综合分析

通过综合以上分析，对比职能部门工作人员和科研人员的回答结果，可以发现一些一致的情况和不一样的态度，进而加深对实际情况的认识。如果两方面的回答较为一致，说明该情况属实且被广泛认同。

从意见相同的回答来看，无论是职能部门工作人员还是科研人员都较为忙碌且忙碌情况不断增加，多数员工都认为这种忙碌可以通过体制机制的改革来缓解。在各种体制机制改革的路径中，改善工作流程、加强职能部门和科研人员的联络、调整分工都被认为是有效的做法，新增职能部门被所有人认为是对减轻工作负担最无效的措施。

以上调研结果可以帮助我们对新型研发机构职能管理部门设置的必要性和可行的路径形成初步的判断。在现有职能部门体系下，盲目地新增职能部门和增加人手并不一定是最好的解决方案。从课题调研的结果来看，优化流程、调整分工、在现有的组织架构上实施精细化管理才是更优的解决方案。

第四章 新型研发机构数字创新生态系统建设目标

4.1 基于开放合作的新型研发机构创新生态系统概述

新型研发机构的创新生态系统从大的方面可以分为科研端和转化端。在科研端，从机构合作、项目合作、装置合作、人才合作、平台合作、重大战略任务合作等多个方面形成创新要素循环流动的良性格局。

为实现基础研究、原始创新、重大科技领域的重要突破，从根本上解决"卡脖子"问题，必须尊重科学规律，不断破除体制机制障碍，改变现有的科技管理体制与考核评价机制，完善科技治理体系，遵循科学价值、技术价值、经济价值、社会价值和文化价值创造规律，全方位推进制度创新和体制机制改革，将经济社会创新发展作为制定创新战略和政策的出发点和落脚点，将产权制度、人才制度、教育制度、奖励制度等制度创新和机制改革作为突破口，释放技术创新主体活力，构建"十四五"时期新型研发机构科技创新"新生态"。新型研发机构创新生态系统建设目标全景如图4-1所示。

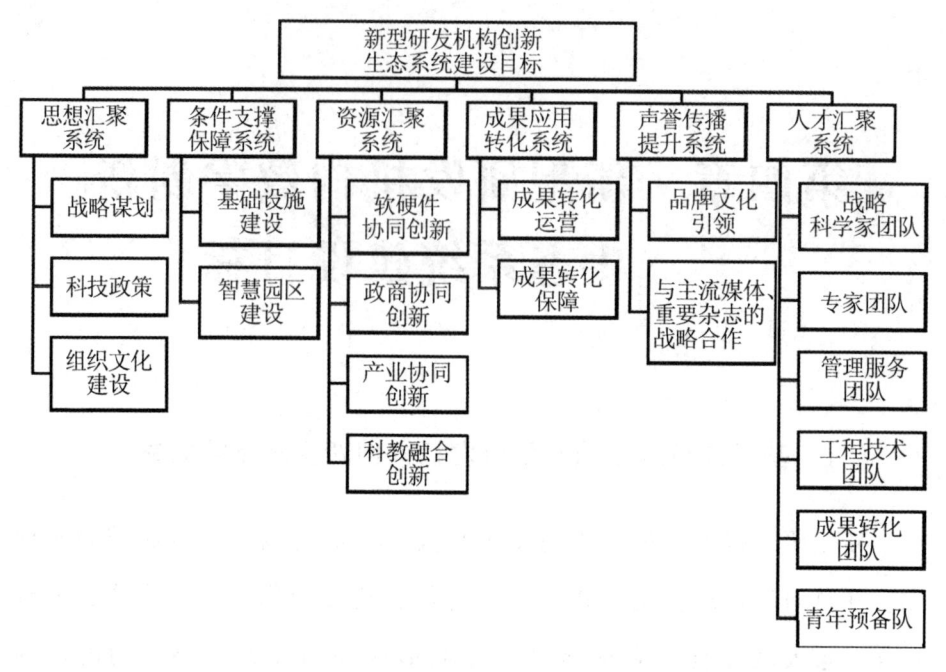

图 4-1 新型研发机构创新生态系统建设目标全景

4.1.1 思想汇聚系统

从顶层设计来说，要建立首席战略官领衔的战略师队伍，提升新型研发机构发展研究中心的战略研究能力，加强与省内外战略研究机构的合作，积极借助"外脑"帮助谋划新型研发机构重大发展方向，积极借助"内脑"谋划科研条件和设施建设。从运行机制来说，要培养和依靠懂科研规律、懂科技政策的人不断优化和迭代新型研发机构的内部管理制度。突破既有体制机制障碍，探索新型研发机构科技创新的新路径，提升新型研发机构科技创新综合效能。从组织文化建设来说，以建设与新型研发机构文化协同发展的制度体系为目标，在制度制定、完善的过程中加强对新型研发机构文化因素的考量，将文化内涵融于制度建设，引导全员坚定理想信念，坚守初心使命，增强对"科学精神、家国情怀"的文化价值认同，牢固树立"主人翁"意识，推动形成强

第四章 新型研发机构数字创新生态系统建设目标

大的自我内驱力和集体"使命场",将践行文化价值观纳入考核,以制度建设引导和强化文化形塑,推动新型研发机构从制度管理走向文化认同。

4.1.2 条件支撑保障系统

在基础设施建设方面,推动基础建设、信息化支撑、算力保障、后勤服务等各项工作稳步推进。在智慧园区建设方面,持续开展智慧办公、智慧安防、智慧能源管理等场景优化,"以人为本"深化用户体验。强化园区智慧化运营、可视化管理,不断完善即时感知、科学决策、主动服务、高效运行、智能监督的新型园区运营模式。

4.1.3 资源汇聚系统

利用新型研发机构的平台优势、科研优势和人才优势,围绕国家战略、地方产业发展和新型研发机构科研布局,通过共建研究中心、联合科技攻关、委托研发等多种方式探索与创新企业的深度耦合和合作的多种模式。

4.1.4 成果应用转化系统

在成果转化应用的顶层设计上,一是强化服务,明确成果转化各关键节点,对部门提出的成果转化需求,各成果的转化进度节点统一汇总发布,全程可视。二是形成具有证券期货评估资质的专业资产评估机构库,全面支撑新型研发机构科技成果转化的资产评估活动。三是完善优化现有作价投资流程,成果转化过程中的需求申请、意向达成、成果评估、文件起草、公司注册、股权分配等各环节职责清晰,操作可行,形成有新型研发机构特色的成果转化制度体系。

4.1.5 声誉传播提升系统

在文化宣传工作的顶层设计方面,围绕"建设卓越的新型研发机构品牌文化",形成战略研究报告和阶段性规划。设立首席品牌官岗位,通过品牌化思维帮助新型研发机构规划产品、业务及其发展周期，将品牌价值融入产品与服务中，并在产品和服务之上构建品牌增值部分。

4.1.6 人才汇聚系统

根据新型研发机构的实际工作需要，不断丰富人才引留用的渠道，建设"六个一"引才体系。

一是一流的战略科学家团队。要具备洞察科学技术发展趋势的能力；引领专业领域发展方向的能力；具备领域权威的影响力；推动交叉集成创新的能力。要坚持实践标准，在国家重大科技任务担纲领衔者中发现具有深厚科学素养、长期奋战在新型研发机构科研第一线，视野开阔，前瞻性判断力、跨学科理解能力、大兵团作战组织领导能力强的科学家。

二是顶尖的专家团队。要具备主导专业领域技术发展的能力；取得重大科学发现的能力；创造性解决重大关键技术问题的能力；带领大团队攻关的能力。打造大批一流科技领军人才和创新团队，围绕国家重点领域、重点产业，组织产学研协同攻关。

三是一流的管理服务团队。要具备探索推动科技管理体制机制创新的能力；科学调配科研所需人财物的能力；具备科技视野广度和战略高度；有良好的服务意识。在科研服务上，为项目团队配备了项目经理、科研助理、财务助理、成果转化经理等专业辅助队伍，提供全生命周期科研服务。在管理服务上，以"一次都不跑"为目标，全面推进无纸化办公，最大程度减轻科研人员的行政负担。

四是强大的工程技术团队。要具备设计工程技术实现方案的能力；大团队专业化协作的能力；按期高质量交付产品的能力。建立"传帮带"机制和导师制，以科学家带青年骨干、以资深员工带新进员工，为青年人员提供快速融入工作的机制。建立大团队机制以及工程化、矩阵化用才机制，通过系统性、工程化项目淬炼加速成长成才。

五是高效的成果转化应用团队。要具备高度的技术敏锐度和市场敏锐度；对接科研与应用需求的能力；把技术变为产品的能力；市场化运作的能力。

六是一流的青年预备队，要具备快速学习积累的能力；融入大项目团队并积极发挥作用的能力；活跃的创新创造能力；干事创业的热情。对青年人才的成长给予耐心，以各类青年基金和探索类专项支持年轻人的创意和想法。敢于给年轻人压担子，鼓励他们积极参与到新型研发机构重大攻关项目中并承担重要角色，在实际任务中培养、考验和选拔优秀的年轻人，推动他们的快速成长和脱颖而出。

4.2 新型研发机构职能部门设置优化的策略

4.2.1 基于均衡的职能部门设置优化逻辑

在新型研发机构治理框架中，职能部门精干设置来源于职能部门间的横向均衡与协同需要。这种横向均衡与协同需要具体体现在以下两个方面：一是维持各机构间的有机联系。各职能部门间应当相互衔接、相互合作，任务大体均衡，应当尽力避免职能部门之间的权责不明、流程不清、多头管理等问题。二是在参谋类职能部门与专业类职能部门之间达成横向的均衡状态。从理论上来说，绩效管理、纪检监察、战略法务等参谋类职能部门对专业类职能部门的政策起草过程和具体行政行为具有审查权、监督权，对专业类职能部门形成制约作用。鉴于新型研发机构专业类部门的专业性，参谋部门要进行实质审查其实是很困难的，因此可以赋予专业类职能部门具有更多的业务管理权，能够将业务管理中的客观问题反馈给参谋部门，对参谋部门也相应具有限制作用。这两类职能部门共同服务于新型研发机构的总体目标，他们之间应当紧密合作、保持均衡。

新型研发机构现有的治理框架强化了专业类职能部门，弱化了参谋类职能部门。专业类职能部门不仅行使各种具体行政行为，而且在政策制定过程中担负着起草、承担和研究等职责；相反，参谋类职能部门设置相对简单，政策研究与审查的职责也相对弱化。这种职能部门的设置状况具有相应的治理优势。由于专业类职能部门广泛接触机关业务，能够将政策理论与实践紧密结合，在政策建议形成过程中能够切实考虑政策执行中的各种问题。但是，过多依赖专业类职能部门也存在较为明显的弊端：一是弱化了参谋类职能部门对专业类职能部门的制约，二是容易导致新型研发机构的政策制定能力和宏观管理能力欠缺。因此，新型研发机构职能部门设置优化的内在逻辑之一，是解决职能部门过于分散化缺少协同的弊端的同时，推进参谋类职能部门与专业类职能部门之间的协调与均衡，实现内部的横向均衡。

4.2.2 基于事实自主权与法定自主权统一的职能部门设置优化逻辑

职能部门的性质是部门领导班子的辅助机构，这就形成了核心层集权的组织治理框架，也是职能部门设置的核心原则。职能部门具有较多的"事实自主权"：一是在领导班子作出各种行政事务的决定后，由职能部门具体承办相关事务并具有一定的自由裁量权；二是领导班子制定政策的"建议权"，即领导班子在制定政策的过程中，可以由职能部门提出政策议程设置建议，具体负责政策方案的草拟；三是领导班子做出具体行政行为的"前定权"，即诸如审批、赔偿、资金分配、项目设定等具体行政行为，需要职能部门在领导决定之前进行业务受理、审查和判断。由此形成领导班子不易管控的力量。

这样的职能部门配置模式具有相应的治理优势。首先，对职能部门行为的严格限制,是保证新型研发机构政令统一的基本前提,利于形成权威和稳定的行政秩序。其次,职能部门具有的"事实自主权"与"法定自主权",能够使领导班子成员不能随意插手下级事务,产生一定的制约效果。但是,上述职能部门配置模式也容易造成职能部门自主权失范的问题。一方面,职能部门缺乏相应的法定自主权,由此便失去了承担相应责任的制度安排;另一方面,职能部门的事实自主权也往往造成对职能部门的控制难题,易于造成政策的"中梗阻"。因此,职能部门设置优化应当在尊重职能部门事实自主权的前提下,发现并解决职能部门的上述弊端,合理设定职能部门的法定自主权,推进职能部门事实自主权的合理利用与制度化限制,形成新型研发机构内部稳定、高效的纵向集权与分权有机结合的组织治理框架。

综上所述,新型研发机构职能部门设置优化的重要逻辑是在发挥垂直专业化治理模式优势的前提下充分尊重专业类职能部门的专业性,通过对职能部门权责的进一步明确增强核心层合理的集中管控权、专业机构的专业自主权,由此提高参谋类和专业类职能部门的服务效能。

4.2.3 职能部门优化设置的主要原则

基于以上探讨可以初步得出结论,新型研发机构职能部门配置需要遵循以下三点主要原则。

第一,分类优化职能部门设置。遵循职能部门横向平衡的逻辑,设置或完善发展研究、法务审查、纪检审计、综合协调等参谋类职能部门,整合与重组专业类职能部门,达到职能部门精干、全面设置的目标。顺应平行专业化治理模式的发展趋势,设置知识产权管理与服务外包、绩效监督与控制、政策规划与发展等参谋类职能部门,优化直接提供服务的职能部门能效,提升职能部门综合服务水平。

第二,以强化"大兵团作战"能力为目标,优化职能部门效能。通过职能部门权责梳理和制度的规范化来优化纵向权利结构。这里优化纵向权利结构包括两层含义：一是扩大通过行政授权的途径，采用部门规章、行政授权令等形式为职能部门授权，同时由职能部门承担相应职责，使组织在尽可能低的层次上、接近于工作一线作出决策。二是在以制度形式形成常规权利授权行使、特殊权利磋商并提交决策后行使的授权用权制度。

第三，通过职能部门权利配置平衡职能部门政策制定权、建议权和执行权。强化参谋类职能部门职责，形成参谋类职能部门对专业类职能部门的监督制约。推进对职能部门事实自主权的制度化保护与限制。进一步制定和完善新型研发机构具体行政行为的行政程序，在程序的各环节明确职能部门的责任与权利，塑造组织管理各项流程中职能部门的自主权及相应的约束机制。

4.3 新型研发机构内部创新生态系统建设的对策和建议

优化职能部门设置的总体思路是：以习近平新时代中国特色社会主义思想为指导，深入贯彻习近平总书记关于科技创新和人才工作的重要论述和指示精神，对照阶段性目标，深入发挥制度优势、人才优势、平台优势和科研条件优势，加快推进重大任务实施和重大科研成果产出，在新起点上开启高水平建设新型研发机构的新征程。

优化职能部门设置是新型研发机构在新发展阶段的重要任务，是进入新型研发机构体系后适应身份变革的必然要求。要适应新发展阶段的要求，以加强党的全面领导为统领，以精细化管理和体制机制创新为导向，以优化协同高效为着力点，推进重点领域和关键环节的职能分工调整优化，着力构建职责明确、流程高效的服务体系，增强科

第四章 新型研发机构数字创新生态系统建设目标

研人员对职能部门服务的满意度。

面对新发展阶段的新要求,机构设置和职能配置还存在与新型研发机构要求不完全适应的地方,如职能转变还不到位、机构设置不够科学、职责缺位和效能偏低等问题。为了解决以上问题,新型研发机构一是要在任务论证、经费落实、任务下达和组织实施等方面与新型研发机构任务谋划与组织机制进一步接轨;二是要在科研管理体系建设、科研政策推进落实、项目管理、成果申报、科研评估和人才队伍打造等方面理顺运行机制,使体制机制优势更加突出;三是要基本建成目标导向、绩效管理、协同攻关、开放共享机制,迸发创新活力提升创新效率。面向以上三个重要目标优化职能部门配置,将为争取形成新型研发机构建设先发优势提供强有力的组织保障。具体来说,有以下几点对策和建议。

一是成立职能部门优化设置领导小组。由新型研发机构领导牵头成立职能部门优化设置领导小组将更有利于凝聚职能部门设置的精细化管理的共识。领导小组成立后,可以改变原来职能管理部门设置缺少顶层设计的局面,机构改革、流程改革、分工改革等各方面改革将统筹考虑,全面推进。职能部门优化设置领导小组的成立更具权威性,能够保证改革的设计、协调、推进和监督每一个环节的落实,有助于确保改革的系统性、整体性、协同性。

二是统筹兼顾各职能部门用人需求。应组织各部门预先申报中长期的用人需求,根据各部门上报的用人理由和用人需求由职能部门优化设置领导小组统筹分配职能部门招聘计划中70%的指标并将结果公示。其余30%招聘指标作为机动指标留待当年根据各部门实际工作需求分配。各部门需要根据分配到的用人指标更加科学精细地安排每个人的工作,这有利于职能部门自主地监督职能部门人岗匹配,减少职能部门人岗错配问题。

三是为研究院(中心)配备充足的职能人员。在前述的调研中,职能部门工作人员和科研人员一致认为调整分工和加强行政人员和科研人员之间的沟通要远比新增部门更有利于职能部门服务能效的提高。由于这部分科研人员的行政职能是不固定的,造成了职能部门与研究中心(部)沟通成本的增加。鉴于此,新型研发机构需要为研究院(中心)配备充足的职能人员,这不仅有利于将科研人员从行政事务中解放,还有利于提升职能部门工作效率。

四是建立闭环反馈机制。对于职能部门优化工作而言,闭环管理不仅是一种思维方式,更是把工作抓早、抓小、抓细、抓实的科学方法和有力举措。根据新型研发机构的建设要求,加强管理服务人本化、精细化、科学化,强化闭环反馈与绩效评估,围绕新型研发机构精细化管理的主基调,不断完善已有政策,填补政策漏洞、提升政策执行效率,实现相关部门、岗位各负其责又相互配合、密切联动,同心合力推进职能部门工作高效开展。根据新型研发机构的建设要求,加强管理服务人本化、精细化、科学化,强化闭环反馈与绩效评估,形成好管理促科研、好管理促发展的良性发展生态。

第五章 数字化转型与新型研发机构的数字创新生态系统

5.1 数字化转型相关理论综述

随着数字技术的迅猛发展，数字化以及由此产生的"数字经济"正在席卷全球，将彻底改变社会的治理形态。一般认为，数字化是指将传统的模拟信息转换为数字信息所带来的商业模式、消费模式、社会经济结构、法律和政策、组织模式、文化交流等方面的变化。作为数字化（Digitization）技术的应用，广义的数字化转型（Digital transformation）可以分为社会的数字化转型、产业的数字化转型和机构的数字化转型三个层面。从实现路径上看，数字化转型包括组织结构的数字化转型、基础设施的建设和业务流程的数字化模块设计三个步骤[47]。数字化转型与数字化最大的不同在于数字化强调的是业务流程的改进，而数字化转型在此之上还包含了经营理念和企业文化的变化[48]。因此，虽然多数机构都认可数字化转型对于机构的价值，但能够顺利完成数字化转型的仅占三分之一[49]。

数字化转型对于组织机构的意义体现在很多方面。从企业运行角度来说，数字化转型改善了连通性，促进了机构的市场发展和数字服务的创新能力；从市场开拓角度来说，数字技术提升了机构通过互联网获取用户数量的能力，提升了在线活动和移动应用程序使用的广度；

从客户服务角度来说，数字技术降低了机构在线提供解决方案和用户自助服务的使用门槛；从交易成本角度来说，数字技术提升了知识在机构内部以及机构之间的流动效率，降低了流动成本[50]。机构的数字化转型可以为其更有效地从外部获取有效的反馈，为解决内部问题提供帮助，从而减少创新和研发投资的不确定性[42]，机构运行的结果将更加可控。

既有研究更多地关注了数字化治理的制度构建[52]，或是如何通过数字化提升公共服务能力[53-54]，有关机构数字化转型的研究多围绕数字化转型对企业创新能力如何提升展开。数字化转型可以通过提升员工的分析能力、连接能力、智力能力最终形成"数字化能力"，推动大规模定制化生产，从而提升企业技术创新水平[55]。除了能够对员工赋能外，数字化转型也可以对客户赋能，最终形成互联化、数字化、融合化、信息化和生态化的交互模式，提升企业创新水平[56]。数字化转型还可以通过提升产品研发能力和成果转化能力正向影响中小制造企业的新产品开发绩效，且二者之间是一种互补关系[20]。当然，数字化转型也不是一蹴而就的，一般可以分为蓄能期、育能期、赋能期三个阶段，机构将分别面临数量型、质量型与结构型要素失衡。通过三个阶段机构将分别获得数字化组织能力、数字化运营能力与数字化共创能力[12]。

从理论上来说，研发机构也可以利用数字化转型完善科技创新流程、提升科技创新的效果与质量。然而国内少有研发机构数字化转型的相关研究。科研机构的数字化转型将丰富和优化原有创新要素体系，加速创新要素组合，重构创新网络，形成新的创新动能。相比较于传统研发机构来说，新型研发机构因管理手段多样灵活、目标导向明确，而在数字化转型上面临的阻碍较小。新型研发机构的研发活动动态高效,在体制机制和成果分配上自主权相对较大,进行数字化转型的动机更强。这些不同于传统研发机构的特点使得新型研发机构更倾向于通过数字化转型等方式集中优势资源,提升创新整体效能,实现跨越式发展。探索和引导新型研发机构积极利用数字化技术优化创新资源对于发挥其科技体制机制改革的示范和引领作用具有重大意义。数字创新生态系统可以强化科研人员之间、新型研发机构与其他科研机构之间的链接,从而提升机构内、外部的合作创新能力。建设数字创新生态系统可以从分配公平、程序公平和互动公平三个维度重塑科研人员之间的合作关系,打破各环节之间时间和空间上的障碍,提升技术、知识、成果等资源在创新链中的传播速率,强化新型研发机构与外部合作的能力。建设数字创新生态系统有望提升科研人员之间的合作关系,从而提升新型研发机构的工作效能。

5.2 数字化转型带来的科研范式变革

一般而言,科研范式指的是"科学研究的理念、行为和规范"。狭义的科研范式概念规定了科学研究的基本理论和基本研究方法,广义的科研范式概念还包括研究目标、研究流程、研究设施和评价标准等要素。图灵奖得主吉姆·格雷(Jim Gray)早在2007年就曾判断大数据将会带来科学研究的第四类范式。[57],现已成为现实并催生了一系列革命性成果。例如,麻省理工学院研究者用人工智能发现了可能是史上最强的抗生素之一的超强抗生素,Google旗下DeepMind团队开发的"AlphaFold"能够精准迅速预测蛋白质的三维结构,为药物研发提供重要参考[58]。随着算力的提升和大数据、云计算等工具的应用,人类对于数据的存储和运用能力得到了爆炸性增长。通过数据模型的构建、分析、仿真和模拟,使得计算机仿真越来越多地取代实验,逐渐成为科研的常规方法[59]。实际上，在新的科研范式下，计算机不仅能做模拟仿真，还能进行分析总结，得到理论。因此，在数据密集条件下，科研范式呈现出与以往截然不同的新特点[60]。中国科学院院士鄂维南认为仅存在两种科研范式：数据驱动的"开普勒范式"和基本原理驱动的"牛顿范式"[61]，可见新科研范式与以往存在着本质的区别。

数字化转型的特征之一，就是利用数字技术促进各部门各领域议题推进、步调一致和高效协同[62]。在传统科研范式向新科研范式转型的过程中，科研机构、科研流程、科研人员都需要主动参与并适应数字化转型过程。数字化转型与新的科研范式本质和目标上高度契合，相比其他工作，建立在数字化转型上的新科研范式更有基础，也更能凸显数字赋能[63]。然而目前科研机构数字资源建设情况并不乐观，科研人员的科研意识、科研信息获取等创新数据素养状况有待提高[64]。支持优势科研机构和企业等创新主体的数字化转型将提升各主体数字资源建设和数据素养水平，释放科研范式变革潜能，在科技创新方面快速展现数字化转型成效[65-66]。

在我国科技创新面临关键技术"卡脖子"的今天，探索加强科研范式变革的有效路径将是我国提高经济发展自主性和内生稳定性的必然选择，具有战略意义上的重要性[67]。数字化作为经济和社会可持续发展动力的重要途径，是我国抓住新一轮科技革命和产业变革机遇的必然选择，是"十四五"和中长期内科技创新发展的重要内容。在数字化转型的大背景下，探索和构建依赖数字化技术提供的效率更高的科研范式就成为我国迫切的实际需求。以"数字化支撑平台＋精准高效的服务体系"为载体推动创新生态系统建设，提升创新整体效能既符合我国在更大范围合作的开放式创新蓬勃发展的长远构想，也迎合了数据作为创新资源赋能传统科研的数字化改革工作目标。同时，以数字化转型推动科研范式变革既符合我国创新驱动社会经济高质量发展的长远构想，又符合数据作为创新资源赋能传统科研的科研范式变革趋势，相关工作将为充分调动科技创新各类主体参与创新的积极性、创造性提供重要支撑。

5.3 数据高密度集聚前提下创新生态系统的新特征

数字创新生态系统建设带来的数据流的自动积累和沉淀将为未来基于数据的科技创新打下重要的数据基础。没有数据流动和数据积累沉淀，就难以实现利用智能计算等未来科技手段的、基于数据的科技创新。未来，将实现数据的自动采集、自动传输、自动处理、自动执行，把正确的数据在正确的时间发送给正确的人和机器，以降低科技创新过程中的不确定性。在这一假设下，构建创新生态系统需要注意以下三个方面的问题。

第一，整体系统思维。同样是基于数据计算辅助的科研过程，新的科研范式与以往最大的区别是问题的阐述和解决都不再依靠线性思维，取而代之的是系统思维。在这一范式下，适度放松对因果关系的约束，将注意力集中于万事万物之间的相关关系。也就是说，只要知道"是什么"，而不需要知道"为什么"。这并不是人类对世间万物之间规律探索的妥协和退让，而是在探索未知领域的过程中，"为什么"有时并不重要，而从"是什么"的新起点再往下去推演，然后达到新的高度。

第二，降低创新成本。数据资源的创新本身就是一种成本投入，包括了从资源搜寻到形成创新成果的全部直接成本、间接成本、潜在成本和沉淀成本。传统创新模式中存在信息不对称、资源私有化等问题，创新本身的不确定性还会引发创新活动的高失败率和较高的资源消耗。这造成了创新成本高昂，使许多致力于自主创新的中小企业对于创新望而却步。在我国优越的社会主义制度条件下，一方面作为核心创新资源的数据要素可以无偿、无限量地向各类创新主体提供，资源获取难度大大降低，资源获取与使用的非连续性得以消除；另一方面在各种主体参与创新的过程中又产生了新的数据，作为生产要素的数据非但不会损耗，反而会"越用越多"，形成全社会数据积累的良性循环。创新过程中所需要支付的中介成本、搜寻成本和履约成本等大幅降低，全社会参与创新的热情和能力均得以提升。

第三，全社会协同创新。2020年4月，《中共中央国务院关于构建更加完善的要素市场化配置体制机制的意见》正式对外公布，数据作为一种新型生产要素第一次写入文件中。数据不仅是生产要素，也是创新要素。社会的每个单元在生产、创新中产生的数据如果能够得以有效归集和分析，将会产生巨大的社会经济价值。反过来说，也只有整合全社会的各类数据，数据推动创新的巨大潜力才能得以有效发挥。因此，新的科研范式的重要特征是在"共建、共享"的前提下，通过覆盖全社会的科学竞争体制和科学研究平台辅助完成的大范围全领域协同创新。

第四，科技创新与高质量发展紧密结合。一直以来，在科学技术供给与企业需求之间，存在难以跨越的"达尔文之海"，跨越沟壑、提高创新效率是创新行为所追寻的目标。瞬息万变的市场需求以及日益激烈的竞争，要求创新主体必须挖掘并辨认出所需的信息资源，精准地捕捉消费者的预期以提高创新效率。在新的科研范式下，知识、信息、数据等各种创新资源在创新主体间自由流动，"多对多"的即时匹配模式建立了一个巨大的非线性创新网络，促使其以更短的时间尽可能更早地获得技术供求的相关动态，尽快地窥探创新机遇和创新动向。

创新主体通过精准挖掘技术需求可以随时调整自身的创新方向,提高创新带动社会经济高质量发展的效率。

第五,科技创新生态系统的构建对政府、市场、社会等科技创新参与者的协同提出更高的要求。只有依托全社会层面的数字信息平台,实现科技创新体系各参与者内、外部之间物质、能量和信息的交换,才能维持整个科技创新生态系统的稳定性和高效性。这一方面需要政府具备一定的数字治理能力基础,另一方面,也需要现有科技创新机构具备通过数字化转型提升创新能效的现实需求。

5.4 数字创新生态系统对新型研发机构的意义

数字化转型是提升科研管理水平的有效路径。关键核心技术攻关是一项系统性工程,科研管理体系是它不可或缺的一部分。我国"十四五"规划提出,要"迎接数字时代,激活数据要素潜能,推进网络强国建设,加快建设数字经济、数字社会、数字政府,以数字化转型整体驱动生产方式、生活方式和治理方式变革"。形成统一开放、竞争有序的科技创新数据平台,是实现科研范式变革的关键。科研管理的数字化转型有助于推动统一科研力量的形成、加速科研机构与产业链形成研发"合力",进而引领传统科研机构与新型研发机构共享统一开放的科技管理体系。针对产业"卡脖子"技术攻关问题,数字化转型有助于提前配置创新资源、集成社会力量,增强协同技术攻关的韧性和灵活性。利用"数字化支撑平台+精准高效的服务体系"可以迅速建立起科研管理决策体系。

数字化转型是提升创新数据利用率的有效路径。科技部早在2013年就出台过《国家科技计划科技报告管理办法》,对科研活动的过程、进展和结果数据进行归集,以促进科研项目过程数据积累、传播交流和转化应用，但仍缺乏基于该数据系统性的深度分析。综合运用现代数字技术，提升科研过程数据的管理效能是一个紧迫且长期的工作。数据中台指的是汇集创新数据的中枢，也是科研管理数字化转型的关键。利用数据中台可以加强与重点研发机构的数据互通，在硬件层面完成数据中枢和机构内部管理系统的对接。基于数据中台建立分析中心，可以向全体科研人员提供科技信息跟踪、科研团队画像、科技成果评估等智能科研辅助工具。在数据中台建设安全可靠的大数据池，根据一定规则和质量标准进行智能数据处理，可以更有效地利用创新数据。

数字化转型是形成科研范式变革合力的有效路径。围绕科技发展需求，快速形成科研管理数字化平台，持续优化科研管理政策环境，鼓励企业、传统研发机构、新型研发机构结成"创新联盟"有利于深挖零散机构研发潜力，扩大科技创新主体数量，提升科技创新主体能力，形成科研变革合力。在数字化转型过程中，一方面，可以通过免费发放科研管理工具包，并在一段时间内免费提供科技信息服务，引导各类主体应用现代信息技术开展科研工作，以前瞻的视野做好科研管理数字化的指导工作。另一方面，可以统筹运用数字化技术和数字化思维，围绕科研范式变革的目标，推动产业链上各机构内部科研工作流程的数字化、信息化改造。

5.5 新型研发机构数字化转型推动形成新型创新生态系统的构想

数字经济是未来经济发展的新制高点，国家已先后出台百余项政策规划和指导意见，涉及数字产业化和产业数字化的各个关键环节。在此背景下，新型研发机构必须树立数字化变革意识，成为数字化转

第五章　数字化转型与新型研发机构的数字创新生态系统

型的主力军,在抢占未来经济制高点中发挥先导引领作用。当前新型研发机构数字化变革尚处于初期探索阶段,既要避免全面的盲目投资落入"投资数字化陷阱",同时也要防止"碎片式"的数字化变革而产生新的"数字孤岛"。

新型研发机构正在建设成为展示高水平成果、建构科研创新生态系统体系的核心高地。大科学装置与核心支撑平台创新集聚,围绕新型研发机构开展的科研合作、人才交流、产业互动的沟通网络初具规模,互补互促、协同并进的联盟业已形成。作为提升创新能力的重要手段,通过建设数字创新生态系统提升新型研发机构的合作创新能力日益受到业界的关注与重视。

体制机制创新是新型研发机构数字化战略变革的重要逻辑起点、切入点与目标终点,新型研发机构的定位是承载科技创新使命、引领科技体制机制改革的重要"桥梁",新型研发机构应将二者作为价值主线贯穿于数字化转型的全过程,识别并链接数字化转型的重点价值环节,构建支撑国家使命和国家战略目标的数字化转型路径,促进数字化转型意识与国家使命意识有机协同。

在以科技自立自强和数字化改革为代表的新时代背景下,技术迭代加速、需求瞬息万变,创新的复杂性、系统性、时效性和高投入性对于科研新范式变革的需求越来越迫切。在这样的背景下,为满足科技创新组织模式变革和创新范式变革的需要,以全数字化平台和人工智能技术为支撑,以综合化、一体化、系统化的创新资源配置为驱动,以建设高效协同、全面开放、精准匹配的科技创新生态系统和创新平台为手段,以提升科研创新速度、质量和效能为目标,物理空间、数字空间、社会空间全面融合的新形态数字化支撑平台和精准高效的服务体系建设就成了推动科研范式改革的主动抉择。该"平台+体系"具有以下特征。

第一，由数据和计算驱动。数据的高密度集聚是科研范式变革的根本原因，也是"平台＋体系"建设的重要前提。该"平台＋体系"的建设主要基于科研相关数据的数字化和智能化，数字化包括物理要素的数字化、工作流程的数字化、创新活动的数字化；智能化包括管理决策的智能化、统计评估的智能化、科研辅助的智能化等。数据不代表信息，能从数据中挖掘出有用的信息才是"平台＋体系"建设的关键。利用机器学习、智能计算等先进的计算方式探索数据中的规律，将数据加工成有用的信息将是"平台＋体系"工作的重点。

第二，全学科全领域的数据合作。"平台＋体系"的支撑平台和服务体系并不只是服务于某一个机构、某一个学科或者某一个地域，不同地域、不同学科的学者都可以在"平台＋体系"的共同的数据池中开展挖掘分析研究，创新数据成为不同学科融合联结的节点。围绕重大问题，不同学科的研究人员共同设定研究目标、设计研究实验、分析实验数据，不同的知识、理论、方法、数据频繁地相互交织影响，通过整合多个学科领域的知识、技能和工具，形成不同学科人员之间能共同理解的研究框架、共有的科学语言、共用的科学数据、共识的分析方法。利用跨学科的数据合作全方位打通科研活动的堵点和难点，势必全面提升科研攻关和创新活动的速度、质量和效能。

第三，与外部机构的高度协同。"平台＋体系"是科技创新支撑平台和精准高效服务体系的集合体，为各类创新主体提供一体化、个性化配置的科技创新资源的支撑平台，与形成高效协同、全面开放、精准匹配的创新服务体系同等重要。这就需要新型研发机构的建设主体、监管主体和参与主体科学分工、高度协同。面向监管主体，预留数据接口和服务接口对接科技管理系统，同步科技管理系统的创新资源数据的同时,将"平台+体系"产生的各种创新数据上传给科技管理系统。面向服务对象的"平台+体系"将对各类科研机构、科研人员、企业全面开放科技资源、科研合作、产创对接等服务,紧密合作,高度协同。

第四,推动形成新的科研范式。推动科研范式的变革既是"平台+体系"的重要使命,也是其运行的重要保障。在运行机制上,将从线下的物理空间转到线上的数字空间。在组织模式上,将从依托局部空间的有限资源转变为依托数字空间的无限资源。在科研决策上,将由模糊的主观决策转变为人机协同的精准决策。在工作模式上,将从依赖个人手动操作能力转变为依赖人机混合智能的自动分析处理。在协同方式上,将从科研工作协同转变为覆盖全创新链的全域协同。以上几个方面的转变,将会带来创新范式从依赖经验和运气的实验模拟到依赖数据、知识和算力的计算模拟的彻底变革。

第六章　新型研发机构数字创新生态系统构建——基于系统动力学

随着智能计算的兴起,从创新生态系统中大规模获取数据、信息并利用充沛的算力使之转化为各种支撑科技创新的信息成为可能。这种规模上的量变带来了价值创造和价值获取的破坏性质变。与此同时,"智能计算"作为新兴学科驱动了创新生态系统研究的进一步发展,"智能计算"与"创新生态系统"的内生互动关系决定了"数据创造价值"是影响创新生态系统演化的主要变量,以其解读创新生态系统的演化机理和管理模式尤为重要。价值创造在创新生态系统中的重要作用已得到学术界公认,价值交互机理和价值网络构建方面的理论探索为基于价值流动的创新生态系统演化机理研究奠定了基础。近年来,"生态能量学"在数据创新的研究中声势渐涨,"数据能量"概念作为数据创造价值的隐喻被提出,但只有少数研究从还原性实证分析的角度对其进行验证。关于智能计算和业务数据流如何充分融入机构的数字化转型以及数字创新生态系统演化的机理研究则不够充分。鉴于此,本章参考李佳钰等的研究[75],利用"数据能量"概念,将物理学中"做功"和"热传递"的内能变化途径,以及 SECI 模型中"内化"和"外化"的数据创造螺旋过程进行逻辑拟合,旨在揭示在数字化转型背景下创新生态系统演化的内在逻辑,并基于新型研发机构的业务逻辑和业务需求进行实证分析。本章研究的展开可以为新型研发机构建立数字创新生态系统提供理论支撑。

6.1 数字创新生态系统中的数据能量

什么是数据能量?内在化和外在化是 SECI 理论模型中显性知识和隐性知识相互转化的重要过程,是创新主体"干中学(learning by doing,LBD)"和"创造概念"的集中体现。然而,随着数据经济时代加剧的科研范式变革,当前有效的管理经验和产品技术不能保证创新主体在未来形成持续的竞争优势和经营收益,因此,衡量数据能量要考虑数据的时效性,即数据能够在特定时间段内为创新主体创造价值的过程是内化数据创新的表征,数据超出特定时间段后不能为创新主体创造价值的过程是外化数据老化的表征。

需要指出的是,创新主体中数据的时效性是动态的,随着创新生态系统内外部环境和自身学习效应变化,数据的时效性在时间和效用维度会不断地动态修正,修正的时间间隔则以创新主体感知的创新生态系统内外部科研范式变革变化而定,即内化数据创新和外化数据老化共同构成了数据创造价值的状态函数。基于此,本章参照"内能"的宏观定义:"内能是与系统在热隔绝条件下做功量相联系的描述系统本身能量的一种状态函数",将"数据能量"隐喻为"与创新生态系统在数据经济背景下创造价值的能力相联系的描述创新生态系统蕴含数据能量的一种状态函数"。

对于一定量物质构成的系统,通过做功、热传递与外界交换能量,引起内能的改变,从而导致系统状态的变化;同样,对于一定量创新主体构成的创新生态系统,通过内化数据创新和外化数据老化与外界交换数据能量，引起数据能量的改变，从而导致创新生态系统的演化，即数据能量的变化量 $\Delta U = KI - KA$，其中 KI 代表内化数据创新创造的价值累积，KA 代表外化数据老化产生的价值损失。但是，考虑到创新生态系统的开放性，并不能完全基于热隔绝条件下的内能范式进行理论创新。因此，本章进一步参照不存在宏观动能变化的"数据内能"定义：数据内能的变化量是外界对系统的做功量与系统（从外界）的吸热量的总和，将"热力学定律"类比为"科研范式变革"，即创新生态系统的演化伴随旧技术改进与新技术发展的共同作用，而科研范式变革的速度是由新技术克服其进入市场的挑战相对于旧技术开发及其拓展市场的机遇共同决定的。那么，外界对系统的做功量可以理解为创新生态系统中的跨组织数据能量流动对数据能量系统的价值创造量，系统（从外界）的吸热量可以理解为数据能量系统在科研范式变革的系统外部调节作用下内化创造的价值。

6.2 数字创新生态系统的生态学解构

创新生态系统理论最早就来源于自然界的生态系统，两者之间必然有着高度的相似性。生态系统（英语：ecosystem）一词，最早是由英国的生物学家 Arthur Roy Clapham 所提出，意指由物理因子与生物所构成的整个环境。此特定环境里的非生物因子（例如空气、水及土壤等）与其间的生物之间具交互作用，不断地进行物质的交换和能量的传递，并借由物质流和能量流的连接，而形成一个整体。生态系依托于食物网，可以划分为生产者、基位消费者、中位消费者和顶位消费者四个层级，太阳的辐射以光能的形式输入自然生态系统后，通过光合作用被植物生产者所固定，而后被异养植食性消费者摄入，再被异养肉食性消费者摄入，能量流动以食物网为载体，方向单一不可逆[70]。

第六章　新型研发机构数字创新生态系统构建——基于系统动力学

类比自然界的生态系统，数字创新生态系统是依托于数据存在的。数据管理依托于有目的的行动，可以划分为数据、信息、知识和创新四个层级，物质要素通过数字化构成推论或计算的基础，个体或组织进而通过社交媒体感知获取定量化或定性化的数据，该阶段数据仅能被"感知"，不能被"认知"[71]；在"告知"或"被告知"的行为基础上，通过对数据进行组织化和体系化形成信息，将数据赋予信息管理的含义、关联、目的和经验[72]；通过在合适的地点、时间和方式提供信息，将其行动化与逻辑化，形成依赖于个体理解力的数据[73]；基于创新生态系统环境，运用对数据批判性和实践性行动的能力，将数据的品质提升到智慧的高度，引致不确定性创新行为的发生。借鉴 Odum 通过电学中的线路图来描述生态系统能量流动状况的方法[74]，对上述转化过程进行描述。可以看出，随着层级的提升，空间分布由离散逐渐变为密集，控制领域和聚集能量的熵逐级增大，转化过程只能向更高级的方向进行。此外，与自然生态系统一样，由于生物量损失、同化作用损失和新陈代谢造成的能量损失，数据能量也会由于个体和组织创新行为的主观目的性，通过对异己的能量排斥造成一定的损失。因此，在能量转化过程中，一部分能量的能质逐级提升，从量多而能质低的数据能量向量少而能质高的数据能量富集。

6.3　数字创新生态系统中数据流动的机理分析

在创新生态系统情境的调节作用下，数据能量流出方和数据能量流入方具有不同的数据能量流出和流入组合决策，决定了数据能量的流动势差、流动能力和流动意愿，并在随时间变化的吸收能力的作用下共同影响数据能量流量，概念模型见图 6-1。

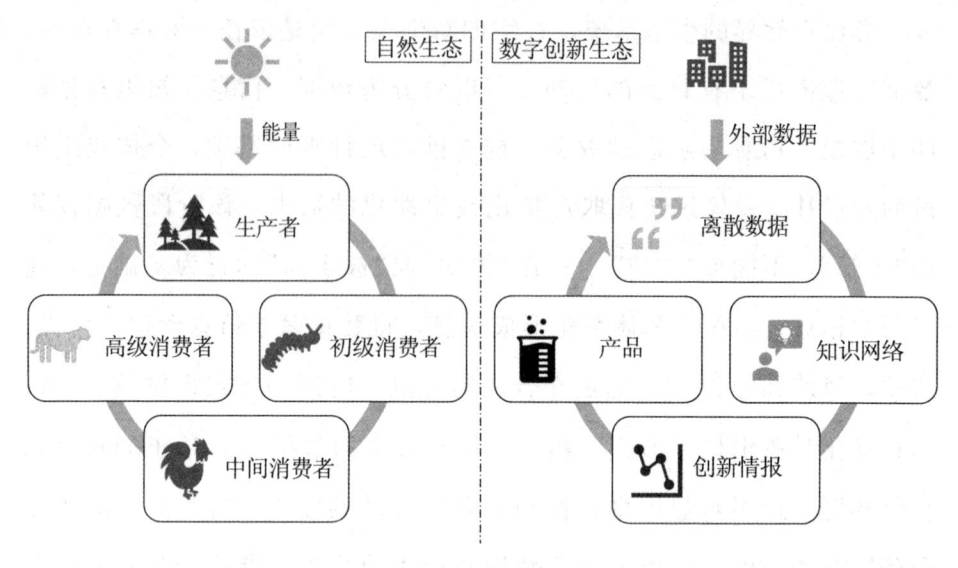

图 6-1 数字创新生态系统与自然生态系统的类比

不同的创新生态系统情境下表达出的数据能量流量是不同的,需要借助数理模型进一步探究其动态非线性流动过程。假设有两个主体 M 和 N,M 是数据能量的流出方,N 是数据能量的流入方。数据积累 e^P、数据应用 e^D 和数据内能 e^I 随时间 t 的变化而变化,$E(e_M^P, e_M^D, e_M^I, t)$ 和 $E(e_N^P, e_N^D, e_N^I, t)$ 分别表示 t 时刻数据能量流出方和数据能量流入方的数据能量及构成情况。E_{in} 表示通过蓄积、提升和创造价值产生的数据能量,E_{out} 表示从系统中回流的数据能量。

在以上假设下,M 和 N 为创新主体数量与单个主体能量的乘积,即在 t 时刻从 M 产出的能量 $=KE_{in}(e_M^P, e_M^D, e_M^I, t)$、在 t 时刻 N 产出的能量 $=KE_{in}(e_N^P, e_N^D, e_N^I, t)$。在数字创新生态系统中,流出的数据能量会以某种机制回流到输出方,同样流入的数据能量也将因某种原因重新输出到系统中,即流出的数据能量是自身产生数据能量的一部分。M 流出的不同类型的数据能量回流的比例分别为 α,β,χ,则回流数据能量总量为 $KE_{out}(\alpha e_M^P, \beta e_M^D, \chi e_M^I, t)$,其中 $0 < \alpha, \beta, \chi < 1$,

假设 N 流入的数据能量在内部循环完成后吸收率为 δ，则 $KE_{out}(e_N^P, e_N^D, e_N^I, t) = \delta KE_{in}(e_N^P, e_N^D, e_N^I, t)$。令 $KE(e_N^P, e_N^D, e_N^I, 0)$ 为 N 在初始时刻蕴含的数据能量，则数据能量在时间 t 内从 M 流动到 N 的过程可以表达为：

$$KE(e_N^P, e_N^D, e_N^I, t) = KE(e_N^P, e_N^D, e_N^I, 0) + \\ KE_{in}(e_N^P, e_N^D, e_N^I, t) + \\ KE_{out}(e_N^P, e_N^D, e_N^I, t) \quad (6-1)$$

其中，N 数据能量吸收率 δ 越高，吸收流入的数据能量的速度越快，即：

$$\frac{dKE_{out}(\alpha e_M^P, \beta e_M^D, \chi e_M^I, t)}{dt} = \delta KE(e_N^P, e_N^D, e_N^I, t) \quad (6-2)$$

当数据能量流量 $KE_{out}(\alpha e_M^P, \beta e_M^D, \chi e_M^I, t) - KE_{out}(e_N^P, e_N^D, e_N^I, t) > 0$ 时：

$$\frac{dKE_{out}(\alpha e_M^P, \beta e_M^D, \chi e_M^I, t)}{dt} = \\ \lambda \left(\frac{KE_{out}(\alpha e_M^P, \beta e_M^D, \chi e_M^I, t) - KE_{out}(e_N^P, e_N^D, e_N^I, t)}{KE_{out}(\alpha e_M^P, \beta e_M^D, \chi e_M^I, t)} \right) \times \\ KE(e_N^P, e_N^D, e_N^I, 0) \quad (6-3)$$

将式(6-2)、式(6-3)代入式(6-1)后可得一般解：

$$KE_{in}(e_M^P, e_M^D, e_M^I, t) = \\ \frac{1}{C + \int_0^t e^{(\delta+\lambda)/t} / KE_{out}(\alpha e_M^P, \beta e_M^D, \chi e_M^I, t) dt} \quad (6-4)$$

其中，C 为常数，即当 M 流出的数据能量大于 N 流入的数据能量，数据能量流量与 N 数据能量吸收能力有关，同时与数据能量结构差异有关。

而当数据能量流量 $KE_{out}(\alpha e_M^P, \beta e_M^D, \chi e_M^I, t) - KE_{out}(e_N^P, e_N^D, e_N^I, t) \leqslant 0$ 时，即存在从 N 向 M 的数据能量回流，此时数据能量流量

仅与 N 自身获取的数据能量有关：

$$KE(e_N^P, e_N^D, e_N^I, t) = KE(e_N^P, e_N^D, e_N^I, 0) e^{\delta t} \quad (6-5)$$

上述数理模型以数据能量差异和数据能量吸收能力为关键变量，探讨了数据能量流动的机理。

下面，基于6.1节、6.2节的情景分析和6.3节的数据流动机理分析进行系统动力学（system dynamics，简称SD）建模与仿真分析。

6.4 新型研发机构数字创新生态系统的系统动力学模型构建

4.1节分析描绘了新型研发机构内部数字创新生态系统建设目标框架图（图4-1）。基于该部分对新型研发机构创新生态系统建设的现状及新型研发机构创新生态系统建设目标的分析，课题组梳理了新型研发机构数字创新生态系统功能模块（图6-1）。功能模块从建设新型研发机构数字创新生态系统的目的出发，为了解决新型研发机构承接国家战略能力不足、引留用才机制不完善、科技创新效能有待提高的问题，发挥数字创新生态系统的优势，以六个系统为抓手，打破部门间壁垒，催生新的科研范式并通过数据支撑科学决策来提升新型研发机构的管理能效。

基于图6-2的模块设计，构建了新型研发机构数字创新生态系统结构模型（图6-3）。在输入端，要考虑新型研发机构现有的创新生态系统建设基础和机构合作基础，形成吸收创新资源—建立内部数字知识网络—形成新型研发机构创新情报支撑—不断创新体制机制—通过科研成果回报社会的创新生态系统，并在六大模块的基础上，利用数字技术更好地建设新型研发机构的创新生态系统。该模型也是本部分系统动力学分析的重要基础。

第六章 新型研发机构数字创新生态系统构建——基于系统动力学

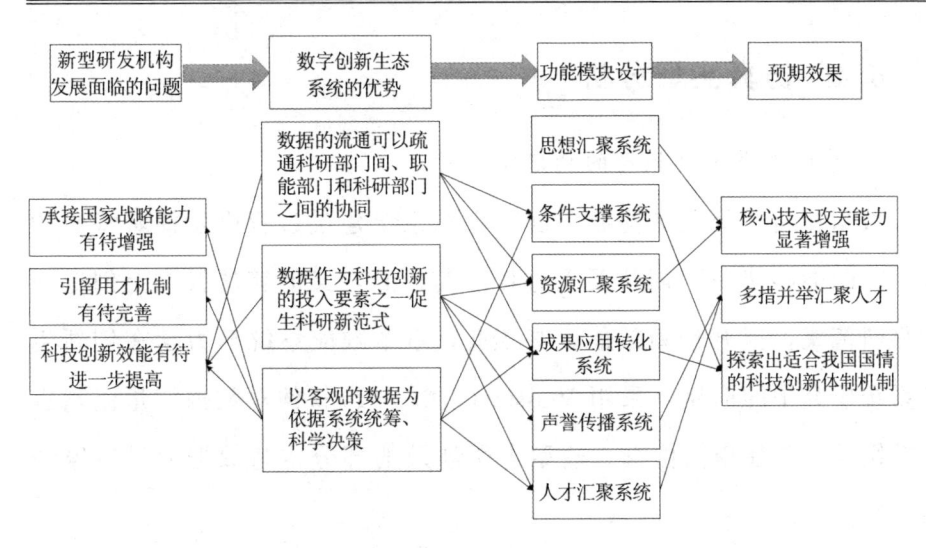

图 6-2 新型研发机构数字创新生态系统功能模块设计

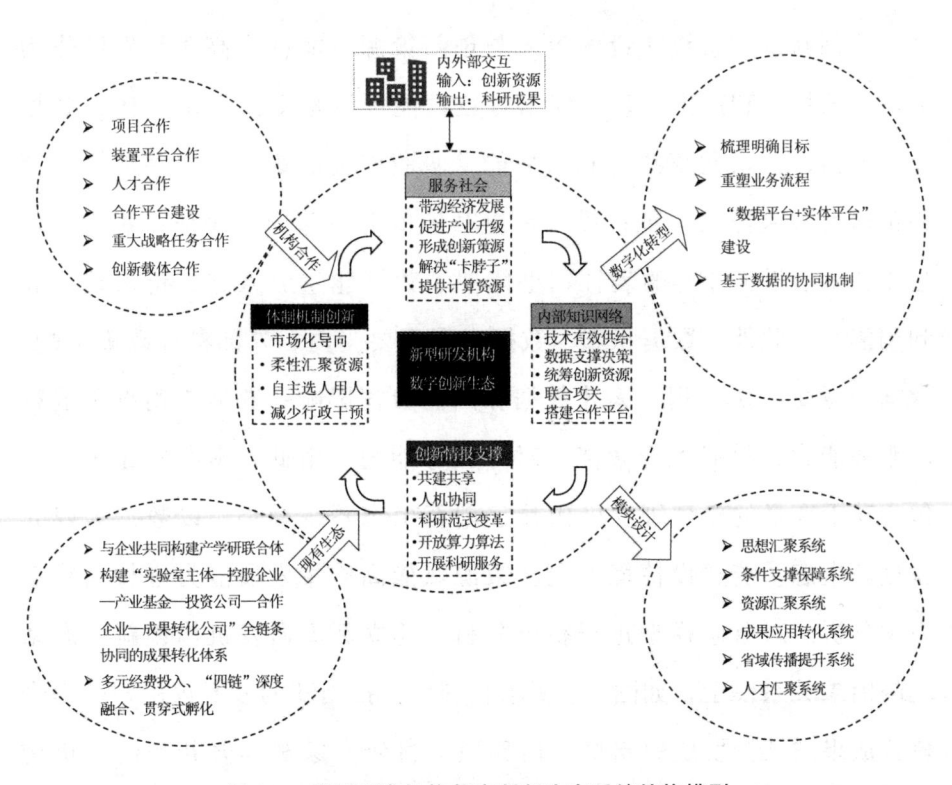

图 6-3 新型研发机构数字创新生态系统结构模型

6.4 仿真实证分析

1. 系统因果关系模型的构建及分析

数据在新型研发机构数字创新生态系统建设过程中发挥着特殊的作用：既能够使一种创新要素直接参与创新，又能够从根本上创造新的科研范式，提升创新效能。鉴于此，本章顺应系统动力学在创新生态系统研究中的应用，采用 Vensim(7.3.5版)软件对数据能量流动进行系统动力学建模与仿真。模型中所涉及的部分常量数据通过专家访谈获得。

(1)因果关系模型与反馈回路

将创新生态系统建设的投入与创新策源赋能社会高质量发展作为关键性的投入和产出变量。依据对数据能量流量受到创新主体在数据应用能力、数据共享意愿和数据能量吸收能力的影响：水平势差是蓄积价值潜力差异的表征；投入是提升价值潜力差异的表征；效能变化是创造价值潜力差异的表征，也体现了数据能量流入方的价值整合和利用能力。此外，数据积累、数据应用都要受内、外部科技政策影响；数据积累受科研数据、人才数据和园区数据影响；数据应用将影响科研服务能力、科研综合效能、对外服务能力。由此，本章构建了一个包含若干变量的新型研发机构数字创新生态系统模型，以数据为媒介就创新生态系统建设情境下创新策源赋能高质量发展能力进行系统动力学分析。对概念模型进行整体分析，建立新型研发机构创新生态系统的因果关系模型，如图 6-4 所示。围绕科技创新的核心议题——提升科技成果对社会发展的支撑、培养顶尖科研专家和提升新型研发机构的品牌知名度和美誉度的原因树(cause tree)分析如图 6-5 所示。由图 6-5 可知，提升科技成果对社会发展的支撑、培养顶尖科研专家和提升

第六章 新型研发机构数字创新生态系统构建——基于系统动力学

新型研发机构的品牌知名度和美誉度等工作需要新型研发机构层面多个体系的协同，而这些工作之间也会相互影响，在新型研发机构数字创新生态系统中，这三个方面的建设都会受到"数据应用"这一因素的影响。为了进一步了解各要素间的联系，有必要进一步从数据流动的视角对各环节的工作进行仿真以观察模拟各环节之间的相互影响。

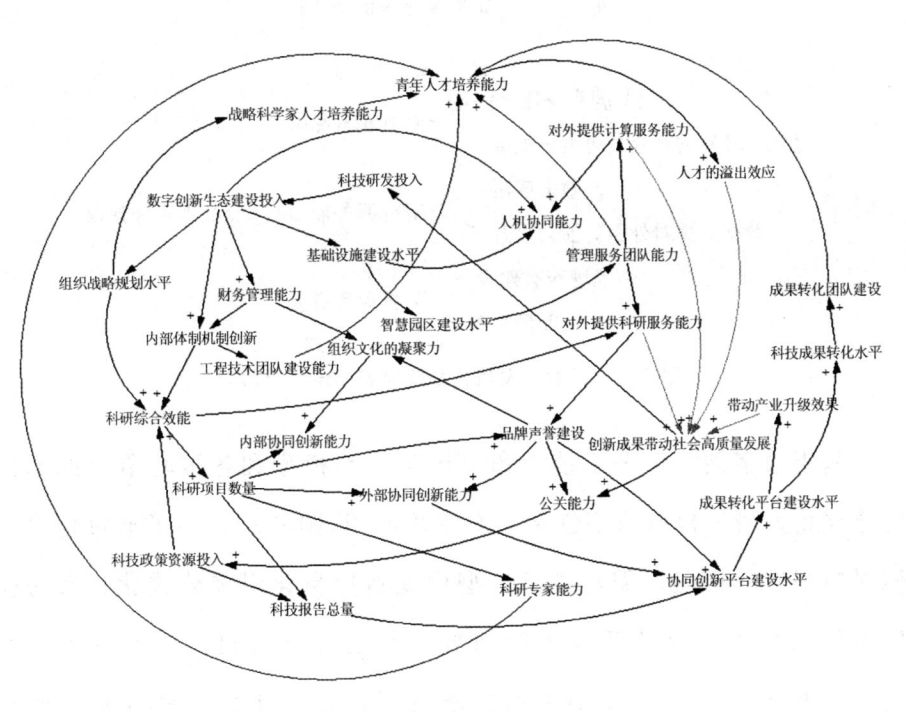

图 6-4 数字创新生态系统视角下因果关系模型

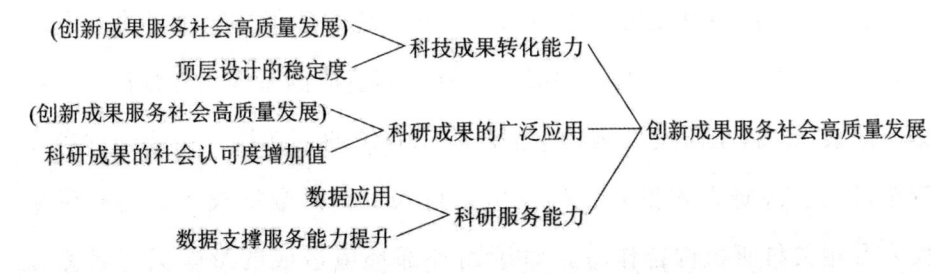

图 6-5a 创新成果服务社会高质量发展的原因树

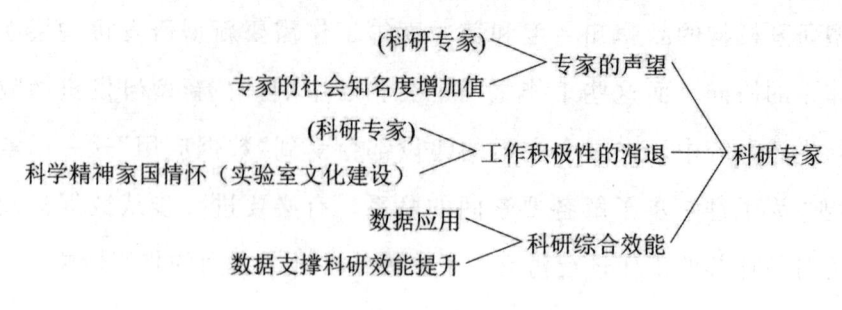

```
(科研专家)──────┐
专家的社会知名度增加值──→专家的声望──┐
(科研专家)                              │
科学精神家国情怀（实验室文化建设）──→工作积极性的消退──→科研专家
数据应用──┐                             │
数据支撑科研效能提升──→科研综合效能──┘
```

图 6-5b 科研专家培养的原因树

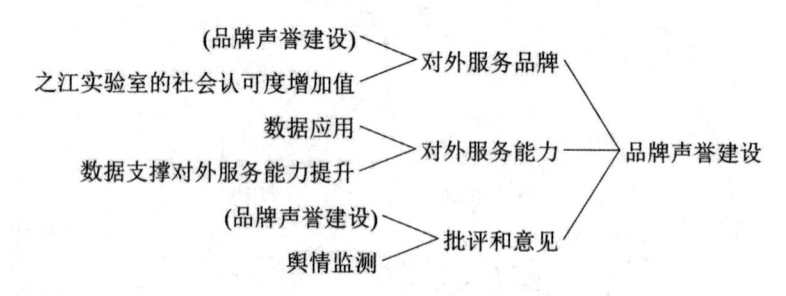

```
(品牌声誉建设)
之江实验室的社会认可度增加值──→对外服务品牌──┐
数据应用──┐                                    │
数据支撑对外服务能力提升──→对外服务能力──→品牌声誉建设
(品牌声誉建设)                                  │
舆情监测──→批评和意见──────────────────────┘
```

图 6-5c 新型研发机构品牌声誉建设的原因树

基于数字创新生态系统视角下因果关系模型和各核心节点的原因树建立新型研发机构数字创新生态系统流图（图 6-6）。为了通过仿真模拟对模型进行检验，需对概念模型中变量定量化以及公式化，参考张艳丽和王丹彤、李佳钰等人的研究，通过计算机模拟，得出相关结论[76]。根据本章概念模型中的影响关系，首先建立模型的基本假设如下。

假设 1：新型研发机构数字创新生态系统的运行是连续动态变化的过程，不考虑因突发情况，如战争、疫情等造成的系统突变情况；

假设 2：新型研发机构数字创新生态系统的创新投入主要包含科研资金投入、科研人才投入、科技信息投入、科研数据投入、科技装置投入及相关科研机构合作等，对于因外部环境造成的影响只考虑系统内部的应对措施；

第六章 新型研发机构数字创新生态系统构建——基于系统动力学

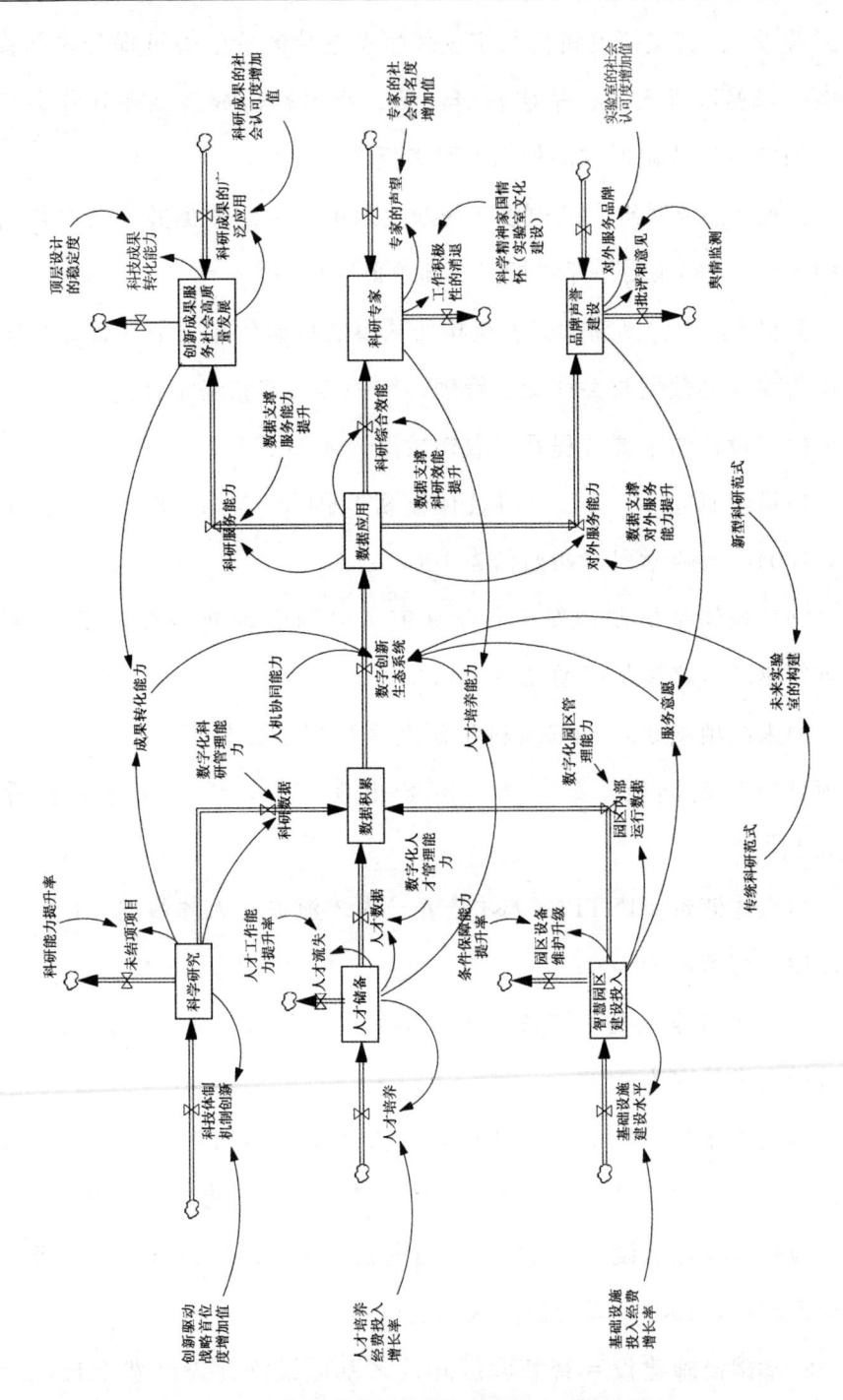

图 6-6 新型研发机构数字创新生态系统流图

假设3：新型研发机构数字创新生态系统的价值通过提升内部管理绩效、培养科研人才、争取科研经费、产出科研成果、提升社会声誉或者创新成果转化形成的创新产品来反映；

假设4：新型研发机构数字创新生态系统中的数据并不会在传播过程中折损，但会随着时间"折旧"（即价值降低）；

假设5：考虑到新型研发机构所从事的科研领域，数字创新生态系统中所涉及的数据相关存储、管理、维护等成本忽略不计。

模型设计的主要方程及参数初始值表述如下。

1）科学研究＝INTEG（科技体制机制创新－未结项项目－科研数据，100），设科学研究初始值为100；

2）科技体制机制创新＝科学研究×创新驱动战略首位度增加值，设创新驱动战略首位度增加值为0.8；

3）未结项项目＝STEP（科学研究×科研能力提升率，1），令未结项项目为阶跃函数，第1个月开始出现差异，设科研能力提升率为0.1；

4）人才储备＝INTEG（人才培养－人才流失－人才数据，100），设人才储备初始值为100；

5）人才培养＝人才储备×人才培养经费投入增长率，设人才培养经费投入增长率为0.75；

6）人才流失＝STEP（人才储备×人才工作能力提升，6），令人才流失为阶跃函数，第6个月开始忘却，设人才工作能力提升为0.5；

7）智慧园区建设＝INTEG（基础设施建设－园区设备维护升级－园区运行数据，100），设智慧园区初始值为100；

8）基础设施建设＝智慧园区建设×基础设施建设经费增长，设基础设施建设经费增长为0.3；

第六章 新型研发机构数字创新生态系统构建——基于系统动力学

9)园区设备维护升级＝STEP(智慧园区建设×条件保障能力提升，12)，令园区设备维护升级为阶跃函数，第12个月开始老化，设条件保障能力提升为0.05；

10)创新成果服务社会高质量发展＝INTEG(科研成果的广泛应用＋科研服务能力－服务目标的转变，20)，设创新成果服务社会高质量发展初始值为20；

11)科研成果的广泛应用＝创新成果服务社会高质量发展×科研成果的社会认可度，设科研成果的社会认可度为0.8；

12)科技成果转化能力＝STEP(创新成果服务社会高质量发展×顶层设计的稳定度，1)，令科技成果转化能力为阶跃函数，第1个月开始流失，设顶层设计的稳定度为0.4；

13)科研专家＝INTEG(专家的声望＋科研综合效能－工作积极性的消退，20)，设科研专家初始值为20；

14)专家的声望＝科研专家×专家的社会知名度，设专家的社会知名度为0.3；

15)工作积极性的消退＝STEP(科研专家×新型研发机构文化建设，6)，令新型研发机构文化建设为阶跃函数，第6个月开始忘却，设主动知识忘却度为0.3；

16)品牌声誉建设＝INTEG(对外服务品牌＋对外服务能力－批评和意见，20)，设科研专家初始值为20；

17)对外服务品牌＝品牌声誉建设×新型研发机构社会认可度增加值，设内化知识创新度为0.1；

18)批评和意见＝STEP(品牌声誉建设×舆情监测，12)，令批评和意见为阶跃函数，第12个月开始老化，设外化知识老化度为0.1；

19)成果转化能力＝科学研究－创新成果服务社会高质量发展；

20) 人才培养能力＝IFTHENELSE(人才储备＞科研专家，人才储备/科研专家，1)，令人才培养能力为选择函数，下限设为1；

21) 服务意愿＝IFTHENELSE(智慧园区建设/品牌声誉建设＜0.9，人才储备/科研专家，0.9)，令服务意愿为选择函数，上限设为0.9；

22) 数字创新生态系统＝DELAY1I(IFTHENELSE(服务意愿＜0.9，创新生态系统知识能量流动情境×成果转化能力×人才培养能力×N知识能量吸收能力，0)，2，0)，令数字创新生态系统为一阶延迟选择函数，延迟2个月，初始数字创新生态系统为0；

23) 未来新型研发机构＝(1－传统科研范式)×新型科研范式，传统科研范式、新型科研范式取值均在[0，1]之间；

24) 科学研究＝INTEG(科技体制机制创新－未结项项目－科研数据，100)，设科学研究初始值为100；

25) 科技体制机制创新＝科学研究×创新驱动战略首位度增加值，设创新驱动战略首位度增加值为0.6；

26) 未结项项目＝STEP(科学研究×科研能力提升率，1)，令未结项项目为阶跃函数，第1个月开始出现差异，设科研能力提升率为0.1；

27) 人才储备＝INTEG(人才培养－人才流失－人才数据，100)，设人才储备初始值为100；

28) 人才培养＝人才储备×人才培养经费投入增长率，设人才培养经费投入增长率为0.6；

29) 人才流失＝STEP(人才储备×人才工作能力提升，6)，令人才流失为阶跃函数，第6个月开始忘却，设人才工作能力提升为0.3；

30) 智慧园区建设＝INTEG(基础设施建设－园区设备维护升级－

园区运行数据,100),设人才储备初始值为100;

31) 基础设施建设＝智慧园区建设×基础设施建设经费增长,设基础设施建设经费增长为0.2;

32) 园区设备维护升级＝STEP(人才储备×条件保障能力提升,12),令园区设备维护升级为阶跃函数,第12个月开始老化,设条件保障能力提升为0.1;

33) 创新成果服务社会高质量发展＝INTEG(科研成果的广泛应用＋科研服务能力－服务目标的转变,20),设创新成果服务社会高质量发展初始值为20;

34) 科研成果的广泛应用＝创新成果服务社会高质量发展×科研成果的社会认可度,设科研成果的社会认可度为0.3;

35) 科技成果转化能力＝STEP(创新成果服务社会高质量发展×顶层设计的稳定度,1),令科技成果转化能力为阶跃函数,第1个月开始流失,设顶层设计的稳定度为0.1;

36) 科研专家＝INTEG(专家的声望＋科研综合效能－工作积极性的消退,20),设科研专家初始值为20;

37) 专家的声望＝科研专家×专家的社会知名度,设专家的社会知名度为0.6;

38) 工作积极性的消退＝STEP(科研专家×新型研发机构文化建设,6),令新型研发机构文化建设为阶跃函数,第6个月开始忘却,设主动知识忘却度为0.3;

39) 品牌声誉建设＝INTEG(对外服务品牌＋对外服务能力－批评和意见,20),设品牌声誉初始值为20;

40) 对外服务品牌＝品牌声誉建设×新型研发机构社会认可度增加值,设新型研发机构社会认可度增加值初始为0.9;

41）批评和意见＝STEP（品牌声誉建设×舆情监测，12），令批评和意见为阶跃函数，第 12 个月开始老化，设舆情监测初始值为 0.5；

42）成果转化能力＝科学研究－创新成果服务社会高质量发展；

43）人才培养能力＝IFTHENELSE（人才储备＞科研专家，人才储备／科研专家，1），令人才培养能力为选择函数，下限设为 1；

44）服务意愿＝IFTHENELSE（智慧园区建设／品牌声誉建设＜0.9，人才储备／科研专家，0.9），令服务意愿为选择函数，上限设为 0.9；

45）数字创新生态系统＝DELAY1I（IFTHENELSE（服务意愿＜0.9，创新生态系统知识能量流动情境×成果转化能力×人才培养能力×N 知识能量吸收能力，0），2，0），令数字创新生态系统为一阶延迟选择函数，延迟 2 个月，初始数字创新生态系统为 0；

46）未来新型研发机构＝（1－传统科研范式）×新型科研范式，传统科研范式、新型科研范式取值均在[0，1]之间。

2. 单因素影响分析

本章的研究对象是数字创新生态系统，目的是分析创新数字化转型情境下数据积累和数据应用的变化特征，应根据所涉及的变量以及时间跨度确定系统边界，检验系统模型中重要的概念和变量是否为内生变量。研究纳入了理论模型构建的科学研究、人才储备和智慧园区建设投入变量，参考现有研究中关于知识转移和知识流动的系统动力学模型，同时咨询相关专家学者，根据实际情况通过 Vensim 软件（7.3.5 版）中复合模拟功能对模型进行修正，所构建的因果关系、系统流图和系统边界是合理的。

"科技大脑＋未来新型研发机构"是科技创新数字化改革的核心构架。科技大脑是政府创新服务和分析决策的智能中枢，未来新型研发

第六章 新型研发机构数字创新生态系统构建——基于系统动力学

机构是数字时代的新型科研载体，两者一体两极、耦合共生，共同打造"产学研用金才政介美云"十联动创新创业生态，推动形成科技创新的新范式。从经验出发，将旧科研范式的初始值设为0.1，将新型科研范式的初始值设为0.2，仿真时间设为100个月，数字化科研管理能力为0.3，数字化人才和数字化园区管理能力为0.2，数据支撑服务能力提升、科研效能提升、对外服务能力提升均为0.1的情况下，主要变量仿真结果见图6-7。

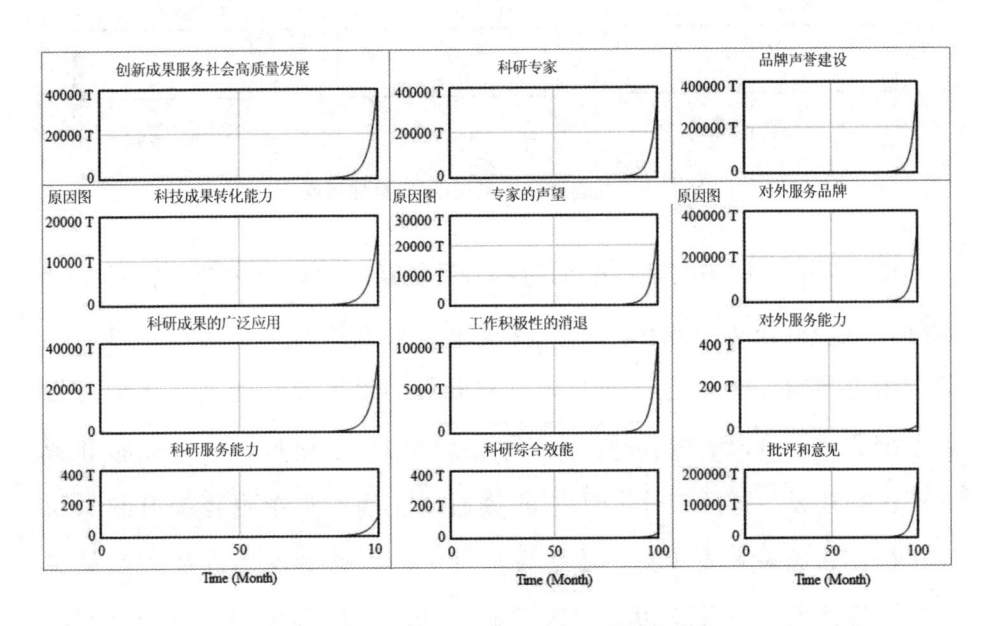

图 6-7a 主要变量仿真结果（数据积累端）

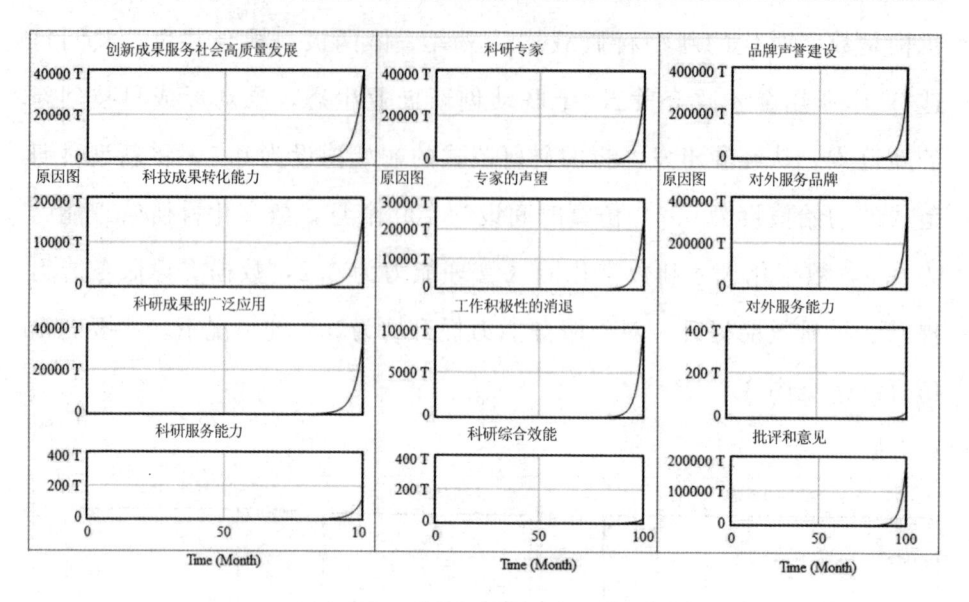

图 6-7b　主要变量仿真结果(数据使用端)

图 6-7 中，每一列第一个图为本节系统动力学研究主要关注的关键指标，也是新型研发机构发展过程中的主要发展目标，每一列纵向的原因图为影响该关键指标的原因。从分析结果可知：通过数字创新生态系统的建设可以有效促进新型研发机构的科学研究、人才储备和智慧园区的建设。这些工作所产生的数据在应用过程中也将提升新型研发机构创新成果服务社会高质量发展能力、科研专家培养能力和品牌声誉建设能力。具体来说：①科学研究和科技体制机制创新均呈不断增长态势，科学数据的积累不断增强，但是这些趋势都在 80 个月之后才得以逐步显现；②由于人才的高流动性导致在人才储备迅速增加的同时，人才流失也迅速增加；从数量上来说在快速培养、快速流失的过程中人才仍然能够快速积累；③智慧园区建设随着基础设施投入经费的增长得以迅速提升，这种效果显现效果较快，大概在 30 个月左右就能有较明显的体现，这与新型研发机构目前的实际经验相符；④新型研发机构数字创新生态系统建设过程中产生数据的应用将在约 80 个

第六章　新型研发机构数字创新生态系统构建——基于系统动力学

月后在创新成果服务社会高质量发展能力、科研专家培养能力和品牌声誉建设能力等方面产生急剧上升的增益效果。⑤在数字创新生态系统情境下,数据应用变化在成果转化意愿、人才培养能力、服务意愿的共同作用下,其变化趋势和变化幅度小于数据积累。由以上分析可知,各曲线的变化规律符合现实中数据积累和数据应用的情形,也在一定程度上满足了热力学的能量守恒定律,说明所构建的系统动力学模型具有一定的时效性和合理性。基于系统动力学模型的分析可以得出以下结论。

一是数字创新生态系统具有生态能量学特征。科学研究、人才储备、智慧园区等工作产生的数据共同决定了数据积累的结构。在新型研发机构的数字创新生态系统中,我们更多关注的是数据在创新能效提升中起到的作用,而这种作用在数字创新生态系统网络全局中可以进行比较和分析,创新数据从这个意义上来说具有生态能量学的结构特征。

二是未来新型研发机构是数字创新生态系统建设的必要条件。科研数据的流量和流向是由数字创新生态系统克服新科研范式的挑战与扩展旧科研范式的机会共同决定的,两种力量的平衡构成了数字创新生态系统的主要驱动力。在给定的数字创新生态系统情境下,创新数据流动的必要条件是未来新型研发机构建设所带来的科研范式的转变。这也符合集成分散的创新要素资源,通畅创新要素资源的流通、服务和支撑能力,推动创新协同效率提升的质变的"大科学"时代发展趋势。

三是新型研发机构应通过相关数字技术的开发积极开展数字创新生态系统建设。新型研发机构有着较为优质的数字技术研发基础和研发能力,提供数字创新生态系统相关基础设施的数据和信息的供应能力不但可以为自身凝聚形成高能质的创新数据能量,为新型研发机构科研的高效运行提供新的驱动力,还可以有效开发数字创新生态系统的市场需求,通过相关成果转移转化渠道将相关技术市场化以"反哺"数字创新生态系统相关开发工作。

基于前项研究,提出以下建议。

第一,成立数字创新生态系统构建领导小组。由新型研发机构领导牵头成立数字创新生态系统构建领导小组将更有利于凝聚数字创新生态系统构建的精细化管理的共识。领导小组成立后,可以改变原来职能管理部门设置缺少顶层设计的局面,机构改革、流程改革、分工改革等各方面改革将统筹考虑,全面推进。数字创新生态系统构建领导小组的成立更具权威性,能够保证数字化转型的设计、协调、推进和监督每一个环节的落实,有助于确保数字创新生态系统构建工作的系统性、整体性、协同性。

第二,完善基于数字化的业务流程。新型研发机构业务流程设计之初就已经考虑到数字创新生态系统的重要作用,注重业务流程的整体规划,梳理流程中的风险点,找到各个环节数字化转型的痛点和难点,汇总形成贯穿全部业务流程的数字化转型规划将有助于更好地利用数字化转型解决实际问题。

第三,明确数字创新生态系统建设的目标。数字创新生态系统建设需要明确的目标、清晰的规划和有效的实施。对于新型研发机构来说,面向合作创新的数字创新生态系统建设需要硬件层面、技术层面和应用层面的密切配合,也就是园区硬件打造创新生态系统、内部数字协作平台建设和业务流程数字化重塑三方面工作,缺一不可。

下篇 以新型研发机构为核心构建广域高能级创新生态系统

第七章 基于数字化转型的数字创新生态系统

7.1 数字化转型催生数字创新生态系统

近年来,随着数字技术的不断发展,数字技术对于创新生态系统构建的巨大促进作用逐渐显现出来。数字化工作使得科研人员的行为得以记录和分析,沟通和合作不再受时间和空间的约束,中间数据也可以为新型研发机构优化合作流程、提升合作绩效提供有效支撑。数字化转型可以强化科研人员之间、科研人员与新型研发机构之间、新型研发机构与其他科研机构之间的链接,提升机构内、外部的合作创新能力。具体来说,数字技术一是重塑了创新主体之间的价值共创方式,强化了数字创新生态系统中主体间的协同共生关系,促使参与者们能够围绕一个核心主体持续不断地推出新产品、新技术或新方案[77]。二是有助于打破从原始创新到成果转化各环节之间的信息屏障,提升技术、知识、成果、市场信息等资源在创新链中的传播速率,减少信息的延迟和失真,进而完成数字创新生态系统中组织、利益相关者不断交互的过程[29]。三是有助于提升生态系统内部组织合作水平,完成数字创新生态系统内部的多维对接,更好地寻找和利用市场上的创新要素[30]。可见,数字技术对创新效能的提升可以通过促进创新要素流动和完善科技成果收益分配机制两个途径实现[78]。数字创新生态系统不但可以帮助海量异质创新主体突破时间、空间的障碍，大幅降低交易和沟通成本，缩短技术创新周期，生态系统内部创新主体还可以通过跨层次资源互补与共享催生新的产品组合与解决方案。综合以上研究，数字技术通过增进创新主体间的有机联系可以显著提升区域创新生态系统内部的协同水平。

7.2 数字创新生态系统的构成要素

数字创新生态系统是由数据要素、数据要素的提供者、数据要素的使用者等异质性数据主体及其复杂关系构成的复杂适应系统[78]。数字创新生态系统内部多层次、多模式、多领域的合作让创新行为不同于以往的产业链和创新链协同创新，链上单元的合作和竞争关系变得模糊[79]。在数字创新生态系统中，数据既是随创新活动产生的创新要素资源，也是提高创新资源配置效率的重要参考，因此是数字创新生态系统的最主要构成要素。

在构建数字创新生态系统的过程中，既要考虑数据的挖掘，也要考虑数据的使用，因此，完备的数据治理体系是数字创新生态系统平稳发展的前提条件，海量异质主体参与所带来的网络关系动态治理也是数字创新生态系统的重要构成要素[79]。激发创新主体参与价值共创热情的同时要注意防止"数据霸权""平台垄断"的发生。数字创新生态系统的构建和治理必须考虑利益相关方的利益诉求，形成有利于各方共建共享的数据治理机制[82]，参与主体之间要结成某种形式的"联盟"，从多边关系协调[83]、创新行为控制和创新成果激励[84]三个方面完成数字创新生态系统中数据要素的创造和分配。

数据的所有权和使用权界定、相关知识产权的保护、数据安全等法律法规被称为数字创新生态系统治理的三种要素。三种要素中，完善的治理模式是数字创新生态系统成败的关键。根据现有研究，可以通过"确定治理主体—拓展节点关系—探索演化机制"[85]或者"确定治理结构—融合多种机制—确定治理利基—整合渐进治理"的路径来循序渐进地探索和形成治理体系[86]，不断优化政策、法律法规以满足数字创新生态系统内创新主体对利益分配和风险管理的需要。

7.3 数字创新生态系统建设面临的难题

构建数字创新生态系统可以大幅缩短研发周期、提升科研效率。但是，数字创新生态系统的构建是一项需要多方协同的系统工程[87]，数字创新生态系统的构建过程面临着治理方法手段不成熟、合作和竞争关系复杂、数据相关法律法规不够健全等多种阻碍因素。

数字创新生态系统难以自发地产生和发展。创新生态系统一般可以分为平台型系统和链式系统，平台型创新生态系统的主导者一般是平台的建设方而非创新的直接参与者，其在构建创新平台的过程中无法真正向生态系统中注入外部知识、人才、技术等创新资源，也就难以向潜在的平台参与者提供任何融入平台后的直接回报。链式系统一般由行业内龙头企业构建和主导，有能力向生态系统内注入知识、技术和人才等创新资源，相对来说更容易吸引到外部的潜在参与者，却无法解决生态系统内部小企业的创新资源不断被大企业蚕食的问题，长期来看也会阻碍数字创新生态系统的发展。

数字创新生态系统的融入门槛高。不同于创新体系的概念，数字创新生态系统是通过引入数据这一新的生产要素来增强多主体间的协同合作、提升领域创新效率的。融入数字创新生态系统的前提条件是创新主体的业务数字化转型，这对于创新生态系统中在数量上占多数的中小企业来说难度较高。一方面，中小企业数字化转型技术和人才等要素资源储备不足，缺少数字化转型的顶层战略安排和制度设计；

另一方面，数字化转型对于企业硬件数字化改造、内部数字协作平台建设和业务流程数字化重塑都提出了新的要求，融入数字创新生态系统的收益在短期内难以弥补转型成本。除了对创新主体的数字化转型要求外，融入数字创新生态系统对于各个生态位的数字技术能力也是一个考验。创新生态系统的数字平台在带来大量信息的同时，也带来了信息过载、数据孤岛和数字知识产权保护的问题，数字技术能力不足的创新主体不仅难以享受融入数字创新生态系统带来的红利，反而有可能泄露企业秘密，失去竞争优势。

数字创新生态系统缺少成熟的治理方案。数字创新生态系统的构建具有极强的个性化特征，不同地区、不同产业、不同基础的数字化生态系统有着不同的组织形式和运行机制。从微软和谷歌的案例研究来看，由龙头企业主导的链式数字创新生态系统也的确呈现了明显的差异化特征[87]。这就是说，在构建数字创新生态系统时，既有的治理方案不能提供足够的参考，需要另外设计一套治理方案来解决数字创新生态系统面临的数据隐私保护体系、数据流动准则、技术价值观和技术伦理等问题。目前尚没有一个适合于所有领域的现成的治理方案。

从以上分析可以看出，对于想要融入这一系统的创新主体来说，数字化转型成本高、风险大，短期内又看不到回报；对于龙头企业等创新生态系统的核心主体来说，牢牢把握数字创新生态系统的主导权才能够从创新生态系统中获取更多的创新效能红利，这将中小型创新主体推向了更不利的竞争地位，进一步降低了中小型创新主体融入数字创新生态系统的意愿。底层生态位的衰落会影响整个生态系统的良性发展，这是数字创新生态系统构建面临的普遍难题。数字创新生态系统还面临着开放性悖论，即创新主体在实施开放式创新、协同创新、数字创新生态系统等战略时，通过外部知识与创新源的引入、成员伙伴的共同演化等手段提升创新效能的过程中会出现核心创新资源与核心知识产权资产的流失问题[88]。无论是平台型系统还是链式系统，数

第七章　基于数字化转型的数字创新生态系统

字创新生态系统都需要依靠资源与能力的整合、重构以及共同应对外部环境变化的一致行为激发各创新主体的创新潜能，形成持续竞争优势。这就无法避免有限理性、非对称信息以及不确定性所带来的开放性悖论问题，这些问题通过传统政策手段难以解决。

7.4 构建以新型研发机构为核心的数字创新生态系统

数字创新生态系统的特征之一是利用数字技术促进各部门各领域议题推进、步调一致和高效协同[89]。各创新主体从顶层的流程和制度设计到底层的执行标准和规范编制均应保持相互兼容，为数字化协同创新做好准备[90]。这就要求在数字创新生态系统中存在一个有主导权的创新主体来提供标准和规范。某些创新生态系统中由龙头企业来担当这一角色，但在数字创新生态系统中，作为关键节点的创新主体必须具有足够的号召力、有能力平衡海量异质创新主体的利益且可以保证数据隐私和数据安全，高校和龙头企业显然不具备这些特质，无法承担构建数字创新生态系统核心关键节点的职能。在现有科技创新体系中，新型研发机构链接了大型仪器设备、科研项目、创新人才和科研成果，在平台建设、人才培养、科研产出、技术模式研发、国内外学术交流与合作等方面都起着巨大作用[68]。新型研发机构在构建数字创新生态系统中的作用不仅在于创新策源，还在于作为关键节点联通区域内各种创新资源、提升区域整体的创新效能。在科学的功能分析的基础上，选择工作基础较好、在领域内号召力较强且有意愿的新型研发机构作为核心关键节点，探索适合区域科研发展需要的数字创新生态系统，具有较强的可行性和较大的现实意义。

第八章 国内外创新生态系统建设的典型案例

8.1 国内案例分析

案例1：新型研发机构依靠数字技术构建创新生态系统

新型研发机构从创立伊始就以"创新体制机制，响应国家战略"为己任，业务流程从顶层设计到底层执行均考虑了数字化工具的使用，在内部管理、外部合作、数字治理等方面做出了数字化转型的有益尝试，积累了宝贵的经验。以新型研发机构作为典型案例，展示新型研发机构数字化转型对于内、外部合作创新的促进作用，具有一定的借鉴意义。

新型研发机构数字化转型的目标。面对抢占新一轮科技革命和产业变革竞争制高点的新形势，作为刚成立不久的新型研发机构，单打独斗式的创新很难创造出满足国家战略需求的科技成果，需要借助工作流程的数字化转型凝聚科研力量、加强内外部合作创新。新型研发机构将数字化转型的战略目标进一步分解为"科研能力提升"和"合作体系形成"两个核心目标。科研能力提升的目标是在新型智能计算、感知科学、大数据智能、混合增强智能等领域取得一批有重大国际影响力的原创性成果；合作体系形成的目标是围绕科研集聚一批战略合作伙伴，形成国内精密织网、国际精准对接的科技合作生态。两个目标中

第八章　国内外创新生态系统建设的典型案例

前者关注的是如何以数字技术优化流程、提升内部科研协作效能，后者关注的是如何借助数字化转型打造新的合作模式。前者是后者的最终目标，后者是前者的条件基础，两者互相促进。

为打通新型研发机构在创新链、产业链、资金链上与其他机构全方位的合作渠道，积极发挥合作创新在科技攻关中的作用，新型研发机构与科研管理部门、大学、企业、科技中介服务机构等密切合作，围绕新型研发机构主攻方向和国家战略需求开展联合攻关。伴随着新型研发机构内部流程的数字化、网络化、智能化，各种内部创新资源逐步形成一个相互作用的数字化创新网络。该网络不断突破地域、组织、机构的界限，从内部向创新链、产业链上下游不断延伸，实现了对创新资源的高效整合和优化配置，带动了科研创新链效能的整体提高。

外部合作创新体系构建的整体思路。传统研究机构的创新资源管理边界就是机构内部，新型研发机构的数字化转型为科技创新资源突破机构边界的优化配置创造了条件。科技创新主体从研发机构向企业、中介机构扩展，为科技创新流程突破机构边界奠定了基础；利用协同研发平台构建的集成研发（integrated product development，IPD）技术，可以有效解决产品研发和规则匹配度低、决策方向失误等诸多问题，为研发决策突破边界提供了平台。通过与创新链上机构业务系统互联、互通、互操作，不断提升面向目标的创新效能，最终构建面向创新全过程目标一致、信息共享、资源与业务高效协同的合作创新体系。

通过以上案例不难发现，新型研发机构基于数字化转型的合作创新一般采用"实体平台"与"数字平台"相结合的方式提升创新效能，产出应用成果。实体平台是数字平台的依托和基础，也是新型研发机构开展对外合作创新的重要抓手，其原因有三：一是新型研发机构共建实体平台在政策上顺应国家战略发展的要求；二是共建平台在项目审批、组织协作、资金支持、成果共享等方面可以跨界享受政策扶持，有单独平台不具备的多种优势和资源；三是新型研发机构可以将科技成果知识产权以授权或转让的方式转移给共建平台，由平台立项组织研发，很多这类项目都纳入了国家和省级科技计划得到财政支持，而且军队科研单位、高等院校人员参与这类研发也没有违反政策规定。另一方面，数字平台实现了广泛连接和远程触达，辐射范围大大扩张。新型数字平台与合作单位的连接是基于互联网实现的，可以实现无空间、时间边界的连接和触达，因此新型研发机构的合作边界得以扩张。利用数字平台构筑一种既可以保持法人主体的各自独立，同时又可能进行长期密切的协同和合作的平台生态，有利于最大限度地激发各合作主体的创新潜力。实体平台和数字平台的有机结合既可以从组织上和数据上为创新过程进行赋能，又可以进一步推动各合作方共同推进数字化转型，最终构建以新型研发机构为核心，基于数字技术的合作创新生态系统。

案例 2：粤港澳大湾区创新生态系统建设

粤港澳大湾区经济基础雄厚，各城市产业结构各有特色、具有较强的互补性，通过协同打造具有创新力强、附加值高、安全可靠的数字创新生态系统链条，可以最大化地释放数字经济发展潜能。具体来说，粤港澳大湾区构建数字创新生态系统具有以下优势。一是前期已建成多家省重点实验室且持续运营多年，自 2017 年年底首批 4 家广东省重点实验室启动以来，广东省目前在建或已建成的省重点实验室共有 3 批 10 家，覆盖了 15 个地级市。二是粤港澳大湾区数字经济基础较好，2020 年 12 月发布的《关于加快构建全国一体化大数据中心协同创新体系的指导意见》就提出"要在粤港澳大湾区等重点区域布局大数据中心国家枢纽节点"。截至 2022 年 10 月，大湾区"9＋2"城市群总数据存储量超过 2500EB，约占全国的 21.5％。大湾区还是全球电子产业最重要的生产中心之一，拥有华为、腾讯、大疆、中兴、OPPO、vivo 等大批数字经济领军企业。三是数字化发展已成为粤港澳大湾区的长期发展战略，2021 年 5 月出台的《广东省人民政府关于加快数字化发展的意见》中已明确要求："构建开放、融合、具有引领发展能力的创新生态系统""支持科研合作项目需要的医疗数据等数据资源在大湾区内有序跨境流动，实现科研数据跨境互联。"这就为数字创新生态系统的构建提供了根本遵循。四是粤港澳大湾区研发投入强度高、社会资本充足，广东省的经费投入强度在 2017 年之后就一直维持在 2.5％以上。2021 年，全省共投入 R&D 经费 4002.18 亿元，比上年增加 522.30 亿元，增长 15.01％，领跑全国。其中，企业研发投入占比高达 86.7％，有研发机构的规模以上企业数占全国的四分之一以上，企业已经成为区域科技创新主要载体，企业创新投入意愿强，投入力量大。总的来说，粤港澳大弯区在科技创新投入、产学研整合、知识产权保护方面优势巨大，且具有产业升级需求、打破贸易壁垒和技术标准垄断、塑造区域优势促进区域高质量发展的旺盛需求，具备构建数字创新生态系统的良好基础。

基于粤港澳大湾区对科技创新效能提升的迫切需求在科技创新资源上的雄厚基础，以新型研发机构为载体，破解阻碍构建数字创新生态系统的多重难题。在新型研发机构建设的路径设计上，需要在以下四个方面有所突破。一是创新新型研发机构的体制机制。赋予新型研发机构团队组建、经费使用、资源调配更多的自主权，利用数字创新生态系统柔性整合资源，形成高效的运行管理机制，例如，可以允许新型研发机构与数字创新生态系统中的创新主体人员充分流动，建立灵活的引人用人机制,以重大科研任务为导向,灵活采用聘任制、项目合同制等多种灵活的人才引、留、用机制。二是制定前瞻性发展规划。聚焦国家重大战略和经济社会发展需求,牵头承担重大科研项目,利用产学研联合攻关激发创新生态系统中各生态位的创新活力,引领和带动行业技术进步。以数字化改革为引领,推动新型研发机构科研设施、仪器设备、数据资料等资源面向全社会开放共享。引导有条件的新型研发机构向平台化新型研发机构转型,构建面向数字创新生态系统的公共研发共享服务网络,搭建技术开源平台和研发服务平台。三是不断强化对创新生态系统的主导作用,以共建产业技术研究院、联合研发中心等创新载体的形式开展创新生态系统内部广泛的协同创新,培养和选择符合条件的创新载体实体化运行。依托产业创新服务综合体,推动新型研发机构人才资源下沉,携成果精准对接企业需求,提高科研成果的穿透性和扩散性,促进重大科技成果转化产业化。向中小企业和创业者开放算力、算法、接口等资源,降低创新创业成本,利用创新资源要素的优化配置强化对粤港澳大湾区关键共性技术有效供给。由新型研发机构统筹创新生态系统中的创新资源,面向市场需求开展对外服务,提供委托研发、难题攻关、检验检测等专业化服务,拓展生态系统的科研和服务能力。四是充分争取和利用外部有利条件。利用粤港澳大湾区完备的创新创业服务、杰出的创新创业人才和良好的创新创业环境,在国家和地方创新政策的支持下,推动新型研发机构和数字创新生态系统相互促进、共同发展。

8.2 国外案例分析

案例1:美国"硅巷":"有序管理"推进创新生态系统

美国经济的繁荣及其对全球经济的领导地位归功于精心制作的创

第八章　国内外创新生态系统建设的典型案例

新生态系统，其精髓在于精益求精，它主要包括科技人才，卓有成效的研发中心，风险资本产业，政治经济社会环境以及基础研究项目。美国科技创新活动主要由企业参与，产学研结合开展，但是美国政府认为政府必须拿出巨额研发资金用于扶持单个企业、科研机构或者全行业都不可能开展的探索性研究、实验项目以及创新活动。政府正在持续促进研发机构创新网络的形成。每一个制造业创新研究院（institute of manufacturing innovation，IMI）都被视为联系现有科技创新资源的枢纽，也联系着产业协会，区域集群及其他创新资源，尤其是联系着其他现有联邦科技计划资助的各种研究中心。就当前发展状况而言，所有已经建立起来的制造创新中心都同企业、研究型大学、社区学院、非营利机构以及新成立的研发机构建立起广泛的联盟，从而导致非联邦和私营部门投入巨大的研发资金。

美国硅谷是互联网产业代表性地域，已经闻名世界，但是"硅巷"很少有人知道。"硅巷"坐落在纽约曼哈顿——这座没有边界、有许多高科技企业群的高科技园区——已经成为推动纽约经济发展的主要动力，被称为仅次于硅谷的美国信息技术发展最迅速的中心地带。根据意大利智库"2thinknow"公布的2019年度世界创新城市榜单显示，纽约"硅巷"的创新能效仅次于硅谷，位居第二。狭义的"硅巷"是指从纽约第五大道和百老汇区域开始，曼哈顿中城和下城区聚集着一大批互联网、新媒体、网络科技和信息技术高科技企业。近年来，"硅巷"的创业者们将科技与时尚、传媒、商业、服务业等相结合，为互联网开掘了新的增长点。广义地说，"硅巷"已成为涵盖纽约大都市区、跨越地理和虚拟网络、规模巨大的科技创新生态系统。"硅巷"创新生态系统具有下列显著特征。

一是，高昂的商务成本反而汇聚了大量科技应用型初创企业。高昂的商务和生活成本对于在大都市中的创业者来说是不可避免的，但是在大城市中创业所产生的高利润率、高生产率以及高人才富集等因素却将其冲抵。一方面，租不到办公楼的创业家可使用创新合作空间进行工作，如课程业者(General Assembly)为会议、工作及教育训练提供场所。"硅巷"密集的新创公司也使得创业者更加容易从餐厅和其他地方找到潜在的合作伙伴和技术人才。纽约聚集了生物医药、广告、新媒体和金融等多个领域的企业，很多都是高成长性瞪羚企业。纽约作为国际金融中心，很多著名创投公司或者天使投资人都能给创业者更多的融资机会，其市场之广，人才之优质也成功吸引了一大批有影响力、行业控制力强的高科技巨头公司来"硅巷"投资，例如苹果、微软、IBM、谷歌、雅虎、辉瑞、强生、惠氏等纷纷在纽约建立区域总部或者研发机构。

二是错位开发硅谷，建立"硅巷"新模式。当硅谷高科技泡沫在21世纪初破灭时，在纽约政府的政策指导与投资引导下，硅巷把握住了机遇，迅速成长起来，并形成了自身的特点，这就是"东岸模式"。区别于硅谷的"西岸模式"，"硅巷"的"东岸模式"的业务多聚焦于互联网应用技术、社交网络、智能手机以及移动应用软件等领域，创业者强调将科技与时尚、传媒、商业以及服务业相结合，发掘互联网新的增长点，传统硅谷的"西岸模式"更加重视芯片容量、运转速度等纯技术创新。当前，"硅巷"已经呈现与互联网及移动通信技术初创企业发展相适应的业态系统，正在吸引着更多初创企业在"硅巷"落户。

三是"硅巷"依托资源集聚带动生态发展。首先，创意创新人才聚集硅巷。"硅巷"有一大批作家、导演、编辑、设计师以及艺术家，在新媒体不断发展的今天，他们都是创新型人才。2019年年末纽约科技相关产业从业人员近30万。高校一方面从事本学科领域的基础研究工

第八章　国内外创新生态系统建设的典型案例

作,一方面面向任务开展应用研究工作,培养出一批优秀的纽约应用科学人才及一流的工程师。其次,创投资金大量流入"硅巷"。纽约作为国际金融之都,资金链健全,顾客群众多,资金来源方便。从2010年到2019年的十年间,风投在"硅巷"的投资金额达1680亿美元,占他们在美国投资总额的三分之一。而且"硅巷"战略合作伙伴选择空间较大,哥伦比亚大学、纽约大学等名校拥有丰富的人才、知识及相关院校储备且有成熟创新的环境。纽约科技大会与299家科技产业组织覆盖金融、时尚、媒体、出版与广告等多种产业,构建了产业互助系统,构成了科技圈良性的生态环境,可为初创企业提供良好的成长空间。

案例2:日本筑波科学城:创新创业服务促进资源集聚

日本筑波科学城历经20年的转型发展,已初步建成由高精尖产业、创新生态系统与创新创业服务生态系统共同组成的区域创新生态系统。在高精尖行业创新生态系统中,筑波科学城以重点领域为核心,搭建起若干行业创新网络,形成了以风险企业为主导,以域内资源整合型为核心,以跨区域资源整合为支撑的高精尖行业发展格局,并从打造以国家战略为引领的高精尖梯次推进格局与打造全链条式创新网络体系两大路径促进行业创新生态系统的形成。在创新创业服务生态系统中,筑波科学城建设创新创业服务生态"五位一体"格局,且呈现出大学与大院大所引领、集约化发展、平台实体化三大特征,而其问题主要体现在风险企业缺乏持续发展活力与地方支持不到位。筑波科学城打造了一个由源头创新向"成果原位转化→根植性产业培育→域外辐射推广"全链条式发展的产业创新系统,建设经验可概括为如下几点。

一是实现了成果的现场运用转化。筑波市高、精、尖工艺产业化的发展离不开筑波市经济社会发展的需要。近年来,筑波市政府依托筑波科研优势,提出了建设环保城市、机器人城市以及超智能化社会的发展战略，使得筑波市率先实现了上述高精尖技术成果在筑波市的产业化应用，当地政府与高校、大院大所也签署了合作协议，并将尖端成果优先投入到筑波市的建设发展中。另外，筑波市2016年1月启动了"筑波市生活支援机器人推广宣传项目"，向筑波市居民宣传取得国际ISO13482标准的机器人以及筑波市各类企事业单位研发的机器人，并通过补助金等形式鼓励居民大胆体验机器人，由政府低价向愿意体验机器人的居民或者机构出租机器人，筑波市与Cyberdyne公司共同追踪体验结果，协助商家评估机器人的运行情况并改善产品。

二是培植根植性的产业雏形。筑波科学城当地的产业基础薄弱，虽也有很多大企业入住，但并没有形成产业集聚的局面。筑波科学城高、精、尖技术成果产业化属高校、大院大所推动类型，其是以筑波大学、产业技术综合研究所为母体派生出来的风险企业。许多已走过近二十年发展历程的企业，已在科学城及其周边地区落地生根，并初步形成了高精尖技术成果产业化的雏形，奠定了培育植根于筑波高精尖产业体系的基础。筑波高科技风险企业规模不大，成活率却很高，究其原因在于它根植性较强，在大学及大院大所内都有专业的产学研技术转移机构及创业孵化机构不断向风险企业提供知识、成果、人才及创业扶持等服务，并联合地方政府牵头构建从概念验证—前期孵化—创业孵化—产业化等支持体系。

另外，以日本政策投资银行和日本政策金融公库为代表的国家政策性投资资金和以地方政府银行和民间投融资为主体构成的三位一体多元化融资体系，为筑波风险企业的稳健成长奠定了基础。其中，近年来民间投融资为筑波发展高科技风险企业提供了重要资金支持，产业技术综合研究所（即"产总研"）、筑波大学等各大高科技风险企业得到大额风险资金支持。

第八章 国内外创新生态系统建设的典型案例

三是域外辐射宣传。为获得东京的庞大消费市场、匹配周边上下游产业,筑波科研机构与企业采取在东京设立总部、分支机构或者与东京科研机构联合研究,向东京企业风险投资等形式,主动整合域外优势创新资源来填补筑波科学城产业薄弱区域,构建以筑波科学城为中心的高精尖产业链与创新链。总之,日本筑波科学城高精尖产业起步较慢,初步形成风险企业主导型、域内资源整合型及跨区域资源整合型三种模式,并以各级政府及大学、大院大所为驱动,探索建立了高精尖产业梯次进展格局,实现了由源头创新向"成果原地转化十植根于产业培育十域外辐射与推广"全链条式创新网络,但面对东京的巨大虹吸,筑波科学城未来如何依托东京的科研优势与广阔市场,加快筑波高精尖业建设步伐值得我们不断研究。

纵观上述案例的创新做法,小到一个科研机构的组织模式创新,大到一个城市的科技发展进步,数字化转型正在创新生态系统构建中发挥越来越为明显的正向促进作用。对于新型研发机构等科研机构而言,数字化转型通过赋能合作网络构建和业务流程重塑,起到了提升组织运营效率提升的作用;对于上海、纽约、筑波等科技创新策源地和产业聚落聚集地而言,数字化转型通过联合政府、高科技企业、创新服务中介、风险资本等科技链条上的创新功能主体形成了创新群落,使得创新资源供需双方以更高效的方式紧密对接,放大了资源乘数效应,为构建科技创新生态系统提供了有力支撑。

同时,通过分析几个案例不难发现,科技创新资源密集度是数字化转型能否发挥杠杆效应的重要基础条件。基于前文对于创新生态系统案例的分析总结,对于新型研发机构为核心的创新生态系统建设有以下建议。

一是注重实体平台和数字平台的结合。实体平台是数字平台的基础和依托，数字平台是实体平台的映射和延伸，实体平台和数字平台结合、线下渠道和线上渠道结合，是在重塑业务和管理体系过程中实现平滑过渡的有效手段。例如，新型研发机构在设计自身数字化管理体系时，充分考虑了数字化管理对于实体平台功能延伸的重要性，通过业务模块整理和业务流程梳理形成实体平台到数字平台的逻辑映射，使数字平台的功能设计具备合理性。上海市为了营造鼓励创新创业的市场环境，通过线下和线上相结合的方式孵化众创空间和创新服务组织，在物理和数字两个维度上加强了创新资源聚合，缩短了创新主体供需匹配流程。

二是注重内部系统和外部系统的有效衔接。无论是一个科研机构的数字化管理体系设计，还是一个城市的创新生态系统构建，都牵涉内部体系和外部体系两方面的统筹设计。内部体系紧密服务于机构/城市核心功能创新，外部体系建设弥补了自身创新薄弱环节。筑波科学城推行的全链条式产业创新体系建设，就是在发扬城市自身"学术资源丰富"之长的基础上取域外城市"技术应用市场广阔"的优势补自身之短的最好例证。其实践的思路正是促使内部系统和外部系统优势互补，构建立足自身特色、因地制宜的产业创新体系。

三是科技创新资源密集度是数字化转型能否发挥杠杆效应的重要基础条件。纽约、上海等国际大都市拥有良好的产业基础、丰富的人才资源、雄厚的金融资本、鼓励创新的政府和良好的营商环境等要素禀赋，这些要素禀赋为数字化转型提供了便利，而数字化转型又通过加强各类资源的链接聚合激发出了"1＋1＞2"的内生动能，为城市步入科技发展快车道按下加速键。相比之下，筑波虽然在科技产业基础方面稍显薄弱，但在政府有效引导下，立足于自身教育和人才资源丰厚的禀赋优势培育成果转化市场，逐步形成了有效延伸区域科技链条的产业创新体系，形成了独特的科技创新生态系统。综上所述，只有具备完备的要素基础（或在引导下完善自身要素禀赋），数字化转型才能发挥最大的效用，才能在创新生态系统构建中提供最大的价值。

第九章　国家层面的创新生态系统建设——国家创新体系

9.1　国家创新体系的内涵

"国家创新体系"最早提出于20世纪80年代，广义上的"国家创新体系"包含涉及创新活动的方方面面；狭义上"国家创新体系"聚焦于科技创新，等同于"国家科技创新体系"。我国在《国家中长期科学和技术发展规划纲要（2006—2020年）》中对国家创新体系有如下明确定义："国家创新体系是以政府为主导、充分发挥市场配置资源的基础性作用、各类科技创新主体紧密联系和有效互动的社会系统"。

通过对国外既有创新制度的模仿和借鉴是无法形成适合我国科技发展需要的国家创新体系的，各国技术积累、科技发展计划等制度性因素不同，这些专有因素阻碍了创新体系从一个国家转移至另一个国家[91]。因此，必须探索形成一套我国专有的国家创新体系。

我国国家创新体系的建设分为多个发展阶段。以新中国成立作为国家创新体系分期的始点，这类划分方式足够全面但不够精细，忽视了我国近20年来科技创新的内外部环境发生的巨大变化。本章参考既有研究，将1997年12月中国科学院提交《迎接知识经济时代，建设国家创新体系》正式开启现代国家创新体系建设新征程为起点，按照预备启动阶段、全面建构阶段和创新驱动阶段划分为三个发展阶段[92]。

第九章 国家层面的创新生态系统建设——国家创新体系

预备启动阶段(1998—2005年)。这一时期，国家机关、科研院所、企业研发机构和高等院校经历了重大变革。国务院机构改革撤销了15个国家部委，依附于各部委的科研院所也随之进行转制。在推进科研院所转制的同时，国家采取政策鼓励大型国有企业建立企业研发中心，支持大型跨国公司设立研发中心。在政策推动下，这一时期国内大中型企业的研发机构数量快速增加，企业建立国家重点实验室和国家工程(技术)中心的数量增长迅速，推动企业在国家创新体系中发挥知识创新效能的尝试取得一定成效。在国家创新体系的布局基本完成后，2001年，我国"十五"计划中提出建设国家创新体系，并于2003年启动国家创新体系相关战略研究与规划。

全面建构阶段(2006—2011年)。2006年后，我国通过完善技术创新体系、知识创新体系、国防科技创新体系、科技中介服务体系和区域创新体系不断提升国家创新体系能级。2007年《中华人民共和国科学技术进步法》的第一次修订和落实，进一步夯实了我国国家创新体系的基础。然而不可回避的是，这一时期科技与经济的"两张皮"问题仍然存在，科技计划领域的不诚信不道德行为较为突出。知识产权尤其是发明专利依然受制于西方，中国距离创新型国家的路仍然遥远[93]。

创新驱动阶段(2012至今)。2012年，《关于深化科技体制改革加快国家创新体系建设的意见》中提出要深化科技体制改革、加快国家创新体系建设。至今为止的十年间，形成了一系列以科技资源配置和力量布局重大调整为重点，以发挥科技创新在促进社会经济发展上的作用为目标的制度性文件，这些文件面向科研机构、高校和企业等不同类型的创新主体，涉及基础研究、技术开发、技术转移直至产业化的创新链条的各个环节，通过财政、税收、金融和知识产权等多元化政策手段基本构建了一整套覆盖面广、种类繁多、手段多元的具有中国特色的科技创新政策体系[94]，为科技创新破除了制度性障碍。综合近年来我国一系列科技创新政策来看，我国现已基本形成包含科研院所、高校、企业等多主体的、完整的、现代化的国家创新体系。新型研发机构在国家创新体系中承担着技术创新和知识创新的重要任务。作为横跨两个领域的新型研发机构，在提升国家创新体系效能上有着举足轻重的作用。

9.2 新时期国家创新体系的结构

新时期的国家创新体系（如图 9-1 所示）包含了从核心的知识到其应用的全过程，从层次上可分为核心层、基础层、主体层、机制层和应用层等五个层面，五大层次构成了新时期国家创新体系的基本面。同时，五大层次内的创新要素按照其定位目标形成了各类创新体系，其中，面向国家战略安全的科技创新体系、面向知识创新的科学研究体系、驱动高质量发展的区域创新体系、面向全域创新的科技服务体系、面向市场应用的技术创新体系等五大体系成为新时期国家创新体系子系统的突出代表。

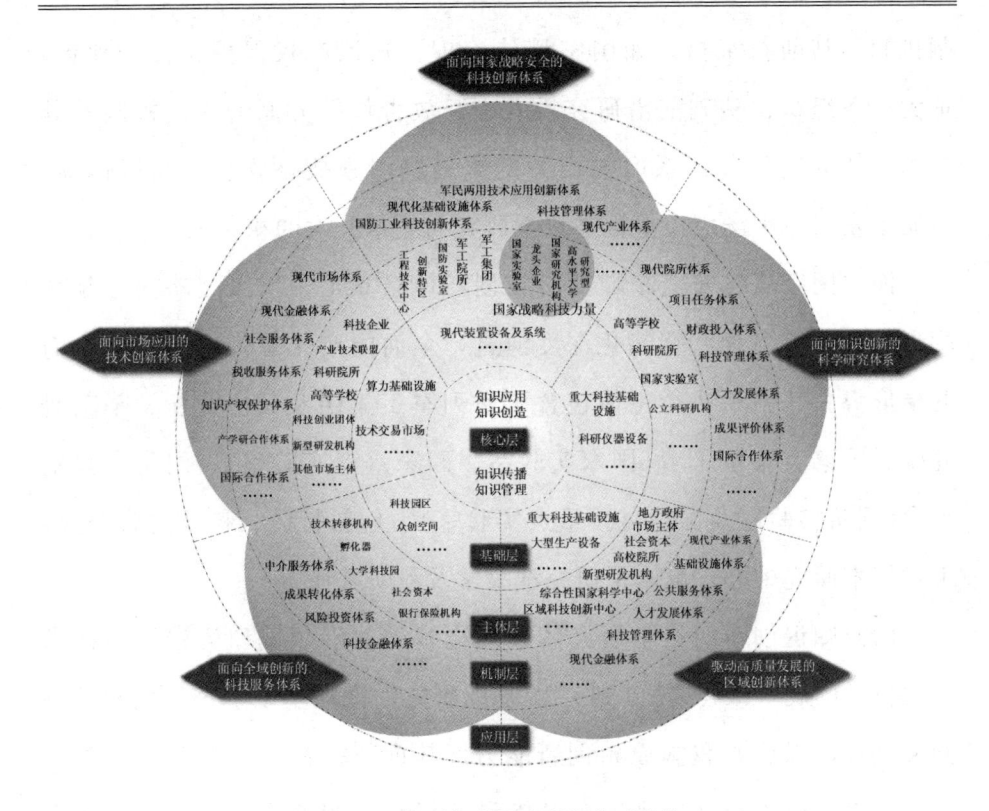

第九章 国家层面的创新生态系统建设——国家创新体系

图 9-1 新时期的国家创新体系结构

核心层由创新的核心即知识构成，包括知识应用、知识创造、知识传播、知识管理。在国际范围内知识流动放缓的情境下，依靠科技自立自强突破基础理论创新将成为新的路径。基础层是实现创新功能的基础设施与平台构成，包括重大科技基础设施和科研仪器设备等，基础层是创造知识的重要基础，也是主体层取得重大科学和技术突破的必要条件。主体层包含了新时期国家创新体系中五大体系内的既有主体和新生力量，既有主体的职能和任务随着国家创新体系和科技发展战略路径的调整也随之发生改变，同时一些既有主体或其内部创新要素为适应新时期的国家创新体系的任务而经历重组和调整，从而形成了新时期国家创新体系中的新兴主体。机制层包括系列科技创新体制机制及其创新举措,如国家科技治理、知识产权保护、科研评价、重大任务组织、基础前沿研究投入、开放合作等方面的体制机制及其改革。任务层是各体系内的相关主体围绕国家战略安全、知识创新、高质量发展、市场应用等推进科学研究与技术开发的相关工作。

面向国家战略安全领域的科技创新体系立足于国家战略安全领域的形态正向信息化、智能化深度演进,全面国产化替代已成为基本面的新形势。其创新执行主体包含了系列军工集团及其研究所、军工研究院、国家实验室平台(国家实验室、国家重点实验室)、国防实验室平台(国防实验室及国防科技重点实验室)、创新特区、科技龙头企业、工程技术研究中心、高水平研究型大学及科研院所等。

面向知识创新的科学研究体系围绕基础前沿领域和关键核心技术重大科学问题,聚焦"从0到1"的基础研究,推动基础学科强化和学科交叉融合,以提升我国原始创新能力,其创新执行主体包含了高等院校、中央及地方科研院所、公益类科研机构、国家实验室平台、联合创新实验室等。

驱动高质量发展的区域创新体系通常以行政区划或相近区域为主体,立足于区域经济社会发展,在区域内承载和支撑大量科技创新活动,并持续汇聚多种类型的科技创新要素,如人才、技术、资金等,以期通过创新驱动赋能经济的高质量发展。其创新主体包括地方政府、市场主体、社会资本、科研院所、新型研发机构、综合性国家科学中心、区域科技创新中心等。

面向全域创新的科技服务体系以中介服务体系、成果转化体系、风险投资体系、科技金融体系等推动更大范围内的有效的资源整合。在这一体系中,参与全域创新的有国家技术转移机构、科技创新园区、科技企业孵化器或加速器、众创空间、大学科技园、新型研发机构等,此外还有市场资本力量、银行保险机构等多元化投入主体。

面向市场应用的技术创新体系旨在形成完善以企业为主体、市场为导向、产学研相结合的技术创新体系，提升企业自主创新能力和产业核心竞争力，促进经济结构调整和产业优化升级。其创新执行主体包含了科技创新企业、产业技术创新联盟、高等院校、科技创业团体、科研院所、新型研发机构及各类市场主体。

值得一提的是，尽管五大体系作为子系统在国家创新体系中发挥着越来越强大的作用，但这些体系及其中的创新执行主体并非分立或割裂的，一些创新主体同时也在其他体系中发挥重要作用。

9.3 阻碍国家创新体系提升的主要因素

我国国家创新体系能效仍然有待提升，各创新要素没有得到有效组合和良性互动，我国国家创新体系主要有以下低能效的表现。

一是对企业科技力量的统筹协调还不够。企业本应是创新体系的主体和重要组成部分，但因企业创新资源的取得成本过高，对知识产权保护力度不足，企业缺乏足够的创新动力，无法充分融入我国国家创新体系。致使我国大部分企业生产技术水平相对滞后，国际市场竞争力不强。多数企业并没有把产品创新当作竞争的手段，更多依靠模仿和抄袭来获取短期利益，可持续发展能力不强。

二是科技创新的统筹协调不够。政府研发部门、科研院所、大学等机构作为国家创新体系的主力军，在技术研发过程中并不以适应市场需求的变化为目标，而是以出成果、出专利、争取科研经费为目标，在这种错误的指导思想下产出的创新成果面临着产权化、产业化的两难境地，不能转化为有市场竞争力的产品，也就没办法真正转化为经济效益，创新活动也缺乏后续推动力。

三是攻关能力、原始创新能力不足。具体而言，科技支撑国家安全和战略急需的长期积累和应变能力还不够强，基础研究投入总量和结构均存在不足，难以支撑我国科技创新从"跟跑"向"并跑""领跑"跨越的时代要求[95]。

我国科技创新所面对的环境发生着剧烈而深刻的变化：科学研究学科边界的日益模糊对跨学科组织和协同提出了新的要求；国家安全与发展对应急攻关和科技伦理提出了新的要求；来自外部的竞争压力对在独立自主的前提下尽快突破产业核心关键技术和"卡脖子"技术提出了新的要求。新的形势不仅需要更多更好的科技成果，还需要通过建设高效能国家创新体系提升我国科技创新整体能力。当前阻碍国家创新体系效能进一步提高的困境来源于以下三个方面。

一是理想与现实之间有偏差。改革开放以后，基于"市场换技术"的指导思想，我国形成了由企业自主引进先进适用技术，科研机构、高等院校共同开展吸收与再创新的追赶型、结果导向型的国家创新体系[96]，这既是中国产业崛起的捷径，也是我国国家创新体系挥之不去的"底色"。完全由市场分配创新资源、缺少有序引导的科技创新行为催生了重应用开发、轻基础研究的创新氛围，也催生了"科研不诚信""五唯""老师变老板"等科研乱象[97]。在经济效益导向的思路下，"市场换技术"换来的只能是落后的技术，科技创新资源的错配阻碍了国家创新体系效能的进一步提高。

二是认知与态势之间有距离。毋庸置疑，近年我国科技发展取得的成就是巨大的。然而科技创新发展的规范性和灵活性不能很好统筹的问题始终没有得到根本解决。以高校和科研院所为主的科技创新"国家队"在人事管理、成果转化与奖励激励、国有资产管理等方面形成了一套刚性的规范性制度，并在此基础上构建了我国的国家创新体系。

第九章　国家层面的创新生态系统建设——国家创新体系

在这一体系中,对科技活动的"规范性"要求优于对"灵活性"的要求,忽视了科技创新在不同领域、不同时期需求上的多样性。因循守旧、唯政策是从的科研作风与复杂严峻的国际科技创新竞争环境之间的距离日益明显,阻碍了国家创新体系效能进一步提高。

三是旧体制与新格局之间有隔阂。国家创新体系不是无源之水,无本之木,新中国成立以来通过建设科研机构、形成规范制度、发放科研奖励等措施构建了一套完整的国家创新体系。想要提高既有创新体系的能效,势必要改变既有创新体系中的利益分配格局,也就必然要面对来自各方的阻力。旧体制与新格局之间的隔阂使得政产学研用合作机制不畅,多方共赢的利益分配机制难以兑现,阻碍了国家创新体系效能进一步提高。

以美国为代表的发达国家对我国技术封锁日趋严峻,关键核心技术的相关知识流和信息流通道变窄;保持经济平稳运行、打赢抗疫攻坚战、碳达峰、碳中和等宏观目标的实现也对国家创新体系整体效能的提升提出了迫切要求[98]。面对外部激烈的科技竞争态势和内部迫切的科技创新成果需求,以新型研发机构为核心依赖外部科技成果的吸收—引进—再开发的创新体系已经无力支撑我国未来社会经济的高质量发展,提升国家创新体系整体效能成为我国当下必然的战略选择。

第十章　高效能国家创新体系中新型研发机构的功能定位

10.1　以新型研发机构提升国家创新体系效能的机理分析

新型研发机构作为国家创新体系的重要组成部分，在国家创新体系建设过程中起到有力支撑和引领作用，是国家创新体系建设的中坚力量。通过建设新型研发机构有助于整合和优化现有的优势科技资源，实现我国科技人才、平台、经费和数据等科技资源的合理分配和科学使用[99]，把创新体系的完善与实现国家科技战略目标和任务有机结合起来，是提高国家创新体系整体效能的重要途径[100]。具体来说，新型研发机构可以从三个方面提升国家创新体系效能。

一是通过融合体制内和体制外两种科研力量提高国家创新体系整体效能。新型研发机构在组织实施完成国家战略科研任务的过程中，围绕关键核心技术攻关、原始创新、前沿技术发展等国家战略任务部署创新资源，易于凝聚公办科研机构意志，吸引其共同参与解决国家战略任务。

二是发挥市场在科技创新资源配置中的决定性作用。新型研发机构作为科技创新的新生力量和优势科技力量，利用新型研发机构在领域中的号召力，可以提升各种创新主体参与完成国家战略任务的积极性,最大限度地激发各类创新主体的潜能、释放各类创新主体的活力,在有限的时间内高效汇聚创新资源,提升国家创新体系效能。

三是利用"科技创新新型举国体制"提高国家创新体系整体效能。通过快速的倾斜性资源投入和举国动员,使政府、企业、科研院所及其他社会多元主体在有限的时间内以实现核心技术攻关为目的采取协调的合作行动,以资源换时间,压缩技术发展阶段,形成重大突破,推动创新发展,从而应对危机或挑战。以新型研发机构为核心,聚焦国家重大战略需求,可以实现高效配置资源的同时维护和激发各类创新主体的活力,易于形成国家、地方共同参与的科技创新局面,提升国家创新体系效能。

10.2 通过"突破性创新"提升国家创新体系效能

我国正处于建设世界科技创新强国"第二步"的关键攻坚期,加强原始创新、利用突破性创新破解外部技术封锁已经成为当前我国产业升级必须解决的重要课题。面对知识经济的发展和新技术的不断涌现,相较于高度依赖已有知识基础和市场地位的渐进式技术创新,突破性技术创新能够更好地规避行业内企业的技术优势,重塑技术轨道与市场竞争格局,因而更适合于承接我国巨大的产能。对于我国在技术积累相对薄弱领域缩小技术差距、攻克薄弱环节、实现"弯道超车"具有特殊的价值。

突破性创新(breakthrough innovation)作为与传统渐进性创新相对的概念由 Abemathy 于 1978 年首次提出,指的是对现有的产品进行重大改进,使产品的主要性能指标发生较大改变,甚至创造出一种全新的产品,从而对当前产业结构和市场竞争状态产生重大影响的创新类型。突破性创新是我国贯彻"创新驱动发展战略"的重要一环,有助于完成《国家创新驱动发展战略纲要》中提出的多项战略任务。在技术发展层面，突破性创新具有技术新颖性、独特性以及对未来技术产生深刻影响三个方面的重要特征[101]，通过借助一整套新颖的工程和科学原理，彻底重塑创新范式和产业格局，实现产品、服务或生产流程的非渐进式发展，有助于我国准确把握未来科技发展拐点，规避技术突袭及产业风险，提升国家核心竞争力，完成推动产业技术体系创新，创造发展新优势的战略任务；在创新生态系统建设层面，突破性创新往往需要跨越组织边界获取知识与技能，通过横向或纵向的交叉融合形成新的技术范式[102]，新的创新范式不仅能够破除组织内部路径依赖和创新结构僵化束缚，还能够增强组织原始创新能力，聚集多方资源，最大限度地释放创新潜能，完成强化原始创新能力，增强源头供给的战略任务；在市场竞争优势培育层面，突破性创新可以基于新的科学知识和技术原理创造崭新的产品或市场，让已有产品过时，重构企业市场地位甚至重整产业布局，促进组织和社会成长[103]，不仅能够为我国创造出新市场和新技术体系，而且能够不断催生新产业、创造新就业，完成优化区域创新布局，打造区域经济增长极的战略任务。

  对于突破性创新源头的研究是学习、复制和管理突破性创新的关键。从供给的角度来说，突破性创新根源于全新的知识和与现有技术不同的科学和技术原理[104]。但是，能够建立在全新科学发现基础之上的突破性创新只是少数，大多数突破性创新是对现有知识的跨组织获取、吸收和整合，知识的整合才是突破性创新的主要来源。当原本被忽视的知识链起作用时，零散的、缺乏联系的既有知识会焕发出创新活力。因此有学者认为合作网络的深度和广度才是突破性创新形成的主要原因[105]。从需求的角度来说，创新资源的约束，尤其是知识和资本的约束是突破性创新产生的重要原因，企业通过跨越组织和技术边

第十章　高效能国家创新体系中新型研发机构的功能定位

界的搜寻，匹配本组织创新发展所需的新技术、新知识、新方法是企业通过突破性创新保持竞争力的关键[106]。

从上述研究可以看出，新知识是企业能够取得突破性创新的主要原因。知识不会无缘无故地产生，只有通过企业主动的行为才能获取到。一般来说，企业可以通过独立研发或者通过嵌入创新网络来获得自身不具备的知识，前者面临着投入门槛高、面临风险大、资源依赖性高的难题，仅有大型企业有足够的创新资源和风险承受能力开展突破性创新；后者则会出现大企业在合作过程中对小企业创新资源的虹吸，形成"小企业无法参与、中企业不敢参与、大企业无需参与"的创新协同困境。最终，巨大的风险和良好合作机制的缺失影响了我国企业突破性创新的热情和能力。

新型研发机构为解决企业突破性创新所必需的新知识来源问题提供了新思路。新型研发机构协同企业取得突破性创新的路径至少有以下三条：一是利用新型研发机构提供新的知识供给。在既有知识基础上，利用数字孪生和数据驱动的方法将人工智能技术嵌入行业传统理论，对复杂问题避开显式方程的需求，利用数据信息建立与物理空间一一映射的数字空间，并在数字世界找寻规律。这就为技术创新提供一种全新的范式——基于对物理世界数字孪生的创新。新创新范式可以实现创新近乎无穷小的实验成本和无穷大的试错空间，这就为突破性创新带来新的知识源泉。[121]二是使用新型研发机构强化企业隐性知识获取能力。进一步激发既有合作网络的知识潜能也是一种重要的新知识来源。隐性知识黏性高，难以通过技术合作充分流动。通过智能技术阐述思维过程模拟、经验知识挖掘、关键特征提取，将隐性知识显性化有利于企业合作网络内部各方完成更加深入的知识交流，实现对创新系统内隐性知识的深度挖掘和利用[107]。三是借助新型研发机构提升企业知识动态能力。知识动态能力是指企业获取、整合知识资源以感知、应对、利用完成突破性创新的知识动态能力。在知识的获取环节，基于智能技术的前瞻性跨界搜索注重领先竞争对手搜索尚未被普遍接受的、具有潜在价值的异质性知识；基于智能技术的追随性跨界搜索侧重于通过异质性知识的运用来追随对手，改进生产技术[108]。在知识的整合环节，利用"图计算""知识图谱"等智能技术可以实现新知识和旧知识的充分整合，并利用基于知识的计算获得新的知识。综上所述，利用智能技术，企业可以在当前创新资源和合作网络的基础上深入挖潜，建立新的知识来源渠道，从而更好地实现突破性创新。

10.3 面向高效能国家创新体系建设的新型研发机构的定位和功能设计

加强新型研发机构建设不仅是国家创新驱动战略的必然要求，也是提高国家创新体系整体能级的必然要求。具体来说，新型研发机构在提升国家创新体系能级中应该有以下四方面的定位和作用。

第一，新型研发机构应该是利用国家创新体系攻克"卡脖子"核心关键技术的主力军。"市场换不来核心技术，也换不来科技创新能力的提升"已经越发成为人们的共识。当前及今后一段时期，必须依靠我国国内的科技力量攻克制约产业和经济发展的一系列关键核心技术和现代工程技术难题，即所谓"卡脖子"技术，从而提高我国产业技术水平，培育新的产业和新的经济增长点。从科技发展规律的视角来看，需要依靠长周期、系统性的研发投入以及整个创新链与产业链的高度融合才能在"卡脖子"技术领域取得有效突破，这就决定了"卡脖子"技术的攻关不能仅仅依靠市场，还应以新型研发机构为核心凝聚创新资源，最大限度地调动、激发各类市场主体的创新积极性，充分调动社会科

第十章　高效能国家创新体系中新型研发机构的功能定位

技力量的创新能力,形成从中央到地方、从国有到民营、从经济场域到经济社会复合场域共同参与的创新合力[110]。

第二,新型研发机构应该是探索实施科研组织新机制的重要"试验田"。从1985年3月全国科学技术工作会议提出的"使科学技术成果迅速地广泛地应用于生产,使科学技术人员的作用得到充分发挥,大大解放科学技术生产力,促进经济和社会的发展",到新时期科技发展"面向世界科技前沿、面向经济主战场、面向国家重大需求、面向人民生命健康,不断向科学技术广度和深度进军",我国科技体制机制改革方向越发明晰,进程不断加快,逐步迈入利用改革破解长期制约发展突出矛盾的"深水区"。我国现已全部完成《深化科技体制改革实施方案》部署的143项改革任务,国家创新体系也已形成并趋于完善,但是科技创新的"灵活性"和"规范性"仍然没有很好地统筹起来,仍然无法通过有组织的协同实现社会创新力量的有效整合。新型研发机构作为体现国家创新意志的重要战略抓手,受国家直接管理,在体制机制创新上风险更加可控。以新型研发机构为媒介,通过灵活的体制机制搭建创新要素与科技深度链接的桥梁,有望突破长期以来许多学科存在的"闭门造车""自娱自乐"的作风,实现充分的开放合作、广泛的学科交叉发展,进而更加合理地调整存量创新资源分配,引导科技体制机制改革不断深入。

第三,新型研发机构应该是汇聚新技术、新产品、新产业的创新"增长极"。当前,全球科技创新进入空前密集活跃的时期,重大技术创新正在重塑未来产业体系。从国家战略以及国际竞争的视角来看,"卡脖子"技术的突破不是单一的技术性问题,而是涵盖了在特定领域国家战略竞争能否占据价值链优势位置、决定了一国在国际科技竞争中能否把握主动权的战略性问题。即使面临着现存创新体系中学术共同体的反对,也应该坚持改革,在科学前沿领域和颠覆性技术方面抢抓发展先机,成为新赛场规则制定者和主导者,在新的学科领域掌握学术话语权、抢占学术制高点。这一工作需要巨大的前期投入、清晰的长远规划、坚定的攻坚意志和完善的制度保障,必须交由新型研发机构来承担[111]。考虑不同类型新型研发机构的功能特征,该任务较适合由新型研发机构完成。

第四,新型研发机构应该是重大科技基础设施集群的主要建设者和运行者。重大科技基础设施是突破科技前沿、解决经济社会可持续增长和国家安全的"国之重器",也是抢占科技制高点、引领科技发展重要领域、开拓新兴交叉领域的重要手段。科技前沿的革命性突破越来越依靠重大科技基础设施的支撑,国际科技竞争合作也越来越需要重大科学技术基础设施发挥牵引和支撑作用[112]。在世界各科技创新强国把发展重大科技基础设施作为提升核心竞争力的重要举措、主动进行超前研究和战略部署的今天,重大科技基础设施的性能优势和对基础研究的支撑能力成了各国争夺的焦点。新型研发机构聚集了优势科技资源和顶尖的科研团队,具备利用重大科技基础设施领先的优势推动基础研究加速前进的能力。将重大科技基础设施部署在新型研发机构既可以取得集聚创新资源、打造创新高地的显著效果,也可以统筹安排重大科技基础设施的使用以最大化地产出创新成果,更好地发挥国家创新体系推动基础研究的制度优势。

第十一章 新型研发机构与国家战略科技力量建设

11.1 国家战略科技力量在国家创新体系建设中的功能

国家实验室是国家战略科技力量的重要组成部分，聚集了国内外高端科技资源的创新高地，在国家战略科技力量中占据着不可替代的重要地位，在国家创新体系中也承担着牵引和核心的作用。"十四五"规划中提出要"以国家战略性需求为导向，推进创新体系优化组合，加快构建以国家实验室为引领的战略科技力量"，清晰地指明了国家创新体系和国家战略科技力量之间密不可分、互为支撑的密切联系[113]。国家实验室、国家科研机构、高水平研究型大学、科技领军企业作为国家战略科技力量的核心，在国家创新体系中承担着不同的功能，如表11-1所示[114]。需要指出的是，不同类型国家战略科技力量功能的分工仅是表明其运行的侧重点，在国家创新体系中的功能必然存在一定的重复和交叉[115]。无论何种国家战略科技力量，其建设的核心目标都是面向解决国家安全、国家发展、国计民生的根本性科技难题，通过快速的倾斜性资源投入，协调合作行动，按照最优的路径从事科学研究，形成重大突破。

表 11-1　国家战略科技力量在国家创新体系建设中的功能分工

	国家实验室	国家科研机构	高水平研究型大学	科技领军企业
人才资源	集聚人才	集聚人才	培养人才	集聚人才
创新资源	汇聚创新资源	汇聚创新资源	创造创新资源	创造创新资源
创新生态系统	营造创新生态系统	融入创新生态系统	融入创新生态系统	融入创新生态系统
科研项目	承接项目	承接项目	承接项目	提供选题
主攻领域	基础研究	基础研究	基础研究	应用研究
特色功能	大型科技基础设施	跨领域基础研究	培养高质量人才	成果转化反哺科技创新

1. 国家实验室

国家实验室在国家创新体系中承担着牵引和指向的作用。国家实验室代表着国家在前沿科学领域的最高水平，聚焦未来技术前沿，提出新理论新方法，开辟新兴前沿方向，创造新知识，为高质量发展提供科技创新动力。

2. 国家科研机构

国家科研机构在国家创新体系布局中发挥着基础和平台的作用。在国家创新体系中，国家科研机构作为顶级创新平台可以有效集中国内在该领域的优势力量，通过牵头组织实施重大科技专项，结合科研优势，围绕国家经济社会发展、国家安全的重大需求，围绕重大问题，共同攻关，形成集群优势。

3. 高水平研究型大学

高水平研究型大学在国家创新体系中起到支撑和突破作用，主要从事基础研究和人才培养工作。高水平研究型大学是先进科学思想和优秀科研文化的重要源泉、培养各类高素质科研人才的重要基地，以及知识发现、前沿探索和基础科研的重要力量。高水平研究型大学在逐步成为前沿探索和基础研究关键力量的同时，与产业结合、促进科技成果转化的能力也得到快速提升。

4. 科技领军企业

科技领军企业在国家创新体系中扮演着骨干和标杆的作用。我国一些重点行业和战略性技术领域的发展经验已经验证了通过国家创新体系可以取得关键核心技术攻关的重大突破，不断形成国际领先的创新能力。科技领军企业通过引领和带动产业链上下游企业有效组织产学研力量实现融通创新发展，在国家创新体系中担当"出题者"与"阅卷人"。

11.2 国家实验室在面向高效能国家创新体系建设中的作用

在国家战略科技力量的四种类型中，国家科研机构、高水平研究型大学、科技领军企业均可以独立或参与组建新型研发机构，其本身的机构性质相对固定难以改变。唯有国家实验室可以同时申报成为新型研发机构，不受传统科研院所条条框框的限制，在创新科技体制机制完成国家战略科技任务上占据着独特的地位，之江实验室、鹏城实验室就是很好的例子。这两家单位在运行机制上具备新型研发机构的特点，同时也作为国家实验室承担着国家战略科技任务，本书将这类国家实验室暂称为"新型研发机构型国家实验室"。对于新型研发机构型国家实验室在面向高效能国家创新体系建设中的作用的分析，将为更好地建设高效能国家创新体系提供重要的理论支撑。

国家实验室并不是新鲜事物。对国家实验室的理解在发展过程中曾经历过多次调整。国家实验室的定位也经历了长时间的探索才于2017年明确下来。对于国家实验室概念和定位变迁的回顾（表11-2）有助于我们找到当前国家实验室发展的历史坐标,更好地规划面向高效能国家创新体系建设的国家实验室的定位和功能,为进一步推进国家实验室的发展提供历史借鉴[116]。

第一阶段:起步期(1984年—1999年)。从1984年起,我国在不同领域批准立项并验收了4个国家实验室,这一时期国家实验室主要是依托以基础研究为主的一批大科学装置而存在,虽然使用了"国家实验室"的称谓,但此时政府尚未对这一概念形成明确、清晰和统一认知[117],其功能更类似于"国家重点实验室"。经过多年的运行,这些实验室的工作并没有充分体现国家意志,也没有发挥国家实验室对国家的战略决策必要的支撑作用,与新时期国家创新体系的要求不符。《"十三五"国家科技创新基地与条件保障能力建设专项规划》中"2000年启动试点国家实验室建设"的提法也间接否定了这几个实验室"国家实验室"的身份。这一阶段我国国家实验室的定位相对模糊甚至可以说是真空,更多的是为后面国家实验室建设积累经验。

第二阶段:筹备期(2000年—2016年)。以2000年沈阳材料科学国家(联合)实验室和2003年教育部批准北京凝聚态物理等5个国家实验室筹建为标志,我国对学科相近、关联度高的若干国家或部门重点实验室进行整合;推动有条件的实验室拓宽领域,组织开展跨学科、跨领域的综合交叉研究;探索新的运行机制,国家实验室建设进入了新的发展阶段。《国家中长期科学和技术发展规划纲要(2006—2020)》提出了要"建设若干队伍强、水平高、学科综合交叉的国家实验室和其他科学研究实验基地",《国家"十二五"科学和技术发展规划》中则进一步提出要"围绕重大科学工程和重大战略科技任务,建设若干国家实验室围绕重大科学工程和重大战略科技任务,建设若干国家实验室"。2006年12月,科技部又启动了海洋、航空航天、人口与健康、核能、洁净能源、先进制造、量子调控、蛋白质研究、农业和轨道交通10个重要方向的国家实验室筹建工作。这一阶段包括筹建在内的国家实验室总数达到了19家，试点运行的国家实验室7家[1]。此后，党的十八大提出的"创新驱动发展战略"为国家实验室发展提供了新的遵循，国家实验室布局也进行了相应的重新调整，其定位才越发明晰。这一阶段国家实验室定位于以国家现代化建设和社会发展的重大需求为导向，开展基础研究、竞争前高技术研究和社会公益研究，积极承担国家重大科研任务，产生具有原始创新和自主知识产权的重大科研成果，为经济建设、社会发展和国家安全提供科技支撑，对相关行业的技术进步做出突出贡献。

第三阶段：成熟期（2017年至今）。以2017年《国家科技创新基地优化整合方案》中"根据整合重构后各类国家科技创新基地功能定位和建设运行标准，对现有试点国家实验室、国家重点实验室等国家级基地和平台进行考核评估，通过撤、并、转等方式，进行优化整合。"的要求为标志，国家实验室体系进行了优化和整合，不再将筹建中的国家实验室纳入新的国家实验室序列。《国家科技创新基地优化整合方案》重新明确国家实验室的定位：国家实验室是体现国家意志、实现国家使命、代表国家水平的战略科技力量，是面向国际科技竞争的创新基础平台，是保障国家安全的核心支撑，是突破型、引领型、平台型一体化的大型综合性研究基地。《关于批准组建北京分子科学等6个国家研究中心的通知》明确将既有的6个国家实验室转为国家研究中心。以这些文件为基础，形成了一整套更为成熟和自信的国家实验室建设思路与方案。

---

[1] 数据来源于科技部《2015年国家重点实验室年度报告》

表 11-2 国家实验室定位的流变

阶段	时间	标志性事件	国家实验室的定位	该阶段典型的国家实验室	相关文件
起步期	1984—1999	合肥国家同步辐射实验室和北京串列加速器核物理国家实验室的筹建	通过应用性基础研究，为我国学科的发展提供了重要支撑；通过对数据的研究，为国家重点科学工程的发展提供重要数据；通过研究工作，为国家培养一批科技高级人才	合肥国家同步辐射实验室 北京串列加速器核物理国家实验室 北京正负电子对撞机国家实验室 兰州重离子加速器国家实验室	《"十三五"国家科技创新基地与条件保障能力建设专项规划》
筹备期	2000—2016	沈阳材料科学国家（联合）实验室的筹建	国家实验室以国家现代化建设和社会发展的重大需求为导向，开展基础研究、竞争前高技术研究和社会公益研究，积极承担国家重大科研任务，产生具有原始创新和自主知识产权的重大科研成果，为经济建设、社会发展和国家安全提供科技支撑，对相关行业的技术进步做出突出贡献	沈阳材料科学国家（联合）实验室 北京凝聚态物理国家实验室 合肥微尺度物质科学国家实验室 武汉光电国家实验室 清华信息科学与技术国家实验室 北京分子科学国家实验室	《国家中长期科学和技术发展规划纲要（2006—2020）》《国家"十二五"科学和技术发展规划》《批准北京凝聚态物理等 5 个国家实验室筹建的通知》《国家创新驱动发展战略纲要》
成熟期	2017 至今	《国家科技创新基地优化整合方案》中对国家实验室体系整合完善的要求	体现国家意志、实现国家使命、代表国家水平的战略科技力量，是面向国际科技竞争的创新基础平台，是保障国家安全的核心支撑，是突破型、引领型、平台型一体化的大型综合性研究基地	之江实验室 张江实验室 鹏城实验室 量子创新研究院	《国家科技创新基地优化整合方案》《关于批准组建北京分子科学等 6 个国家研究中心的通知》

11.3 建设新型研发机构型国家实验室的保障措施

第一，强化顶层制度设计。在构建高效能国家创新体系的过程中，应探索建立领导小组代行国家意志，通过行使规划、统筹、引领基础研究和管理科技资源的职责，推动各地国家实验室自主、协同、开放、系统地整合各领域创新资源，有意识、有组织地引导创新主体在巴斯德象限进行创新，提升各领域国家创新体系效能，催生技术优势和重大突破。

第二，做好国家实验室人才工作。我国科研机构中一直存在着国外人才引进难、核心人员流动难、高端岗位留人难的问题。国家实验室在坚持使命引领的同时，也要保证人才获得应有的劳动报酬，减少在国家实验室集中攻关的后顾之忧。做好科研人员与所属单位之间的协调工作，破除阻碍人员流动的束缚，让各条战线的骨干科研人员"愿意来、留得住、回得去"。一是要设计利于国家实验室与企业、大学和科研院所之间人员流动的人才团队评价机制，避免因工作业绩互不认可导致科研人员流动不畅；二是要在国家实验室建立健全科技成果转化尽职免责机制，保证参与技术攻关的核心团队待遇和晋升不受参与科技攻关和攻关任务失败的影响；三是减少行政事务性工作的安排，保证科研人员的研究时间，利用国家实验室的资源优势做好异地工作科研人员家属的安置工作。总之，要强化国家实验室的人才工作，增强国家实验室的科研人员在完成国家战略科技任务之后的成就感和获得感，调动科技工作者的积极性，让他们充分发挥作用。

第三，以国家实验室为核心构建科研创新生态系统。在科技资金投入保障上，一是探索国家实验室牵头央地企参与投资的关键核心技术攻关"基金制"项目合作新模式；二是探索依托国家实验室的国家、省、市、县四级财政联动投资重大基础研究项目和重大创新载体建设的新模式；三是探索国家实验室直投企业新模式，支持企业设立联合基金项目，对联合基金中的企业投入实施财税减免政策。四是探索政府领投，社会资本跟投，国家实验室共同投资的长期投入机制。五是发挥我国社会主义市场经济制度优势，统筹和调动各方资源，让参与攻关各方的投入得到合理利益回报，以新型举国体制下的科技创新生态系统提升国家创新体系效能。

参考文献

[1] 黄海霞，陈劲. 创新生态系统的协同创新网络模式[J]. 技术经济，2016，35(08)：31-37＋117.

[2] 李锋，冯瑶，尹洁，刘玥含. 核心企业主导型产业创新生态系统竞争演化研究[J]. 江苏科技大学学报(自然科学版)，2021，35(01)：89-97.

[3] 王高峰，杨浩东，汪琛. 国内外创新生态系统研究演进对比分析：理论回溯、热点发掘与整合展望[J]. 科技进步与对策，2021，38(04)：151-160.

[4] 梅亮，陈劲，刘洋. 创新生态系统：源起、知识演进和理论框架[J]. 科学学研究，2014，32(12)：1771-1780.

[5] 刘洋，董久钰，魏江. 数字创新管理：理论框架与未来研究[J]. 管理世界，2020，36(07)：198-217＋219.

[6] Adner R. Match your innovation strategy to your innovation ecosystem[J]. Harvard business review，2006，84(4)：98.

[7] Luoma-aho V，Halonen S. Intangibles and innovation：the role of communication in the innovation ecosystem[J]. Innovation journalism，2010，7(2)：1-20.

[8] Fukuda K，Watanabe C. Japanese and US perspectives on the National Innovation Ecosystem[J]. Technology in society，2008，30(1)：49-63.

[9] Adner R，Kapoor R. Value creation in innovation ecosystems：How the structure of technological interdependence affects firm performance in new technology generations[J]. Strategic management journal，2010，31(3)：306-333.

[10] 张运生，邹思明. 高科技企业创新生态系统治理机制研究[J]. 科学学研究，2010，28

(05)：785-792.

[11]葛霆.创新生态系统论是有生命活力的生态系统[J].创新科技,2011(02)：11.

[12]孙冰,周大铭.基于核心企业视角的企业技术创新生态系统构建[J].商业经济与管理,2011(11)：36-43.

[13]曾国屏,苟尤钊,刘磊.从"创新系统"到"创新生态系统"[J].科学学研究,2013,31(01)：4-12.

[14]杨荣.创新生态系统的界定、特征及其构建[J].科学与管理,2014,34(03)：12-17.

[15]刘雪芹,张贵.创新生态系统：创新驱动的本质探源与范式转换[J].科技进步与对策,2016,33(20)：1-6.

[16]Asheim B T, Isaksen A. Location, agglomeration and innovation：Towards regional innovation systems inNorway？[J]. European planning studies, 1997, 5(3)：299-330.

[17]Autio E. Evaluation of RTD in regional systems of innovation[J]. European planning studies, 1998, 6(2)：131-140.

[18]胡恩华.产学研合作创新中问题及对策研究[J].研究与发展管理,2002(01)：54-57.

[19]任志宽.新型研发机构产学研合作模式及机制研究[J].中国科技论坛,2019(10)：16-23.

[20]池毛毛,叶丁菱,王俊晶,翟姗姗.中国中小制造企业如何提升新产品开发绩效——基于数字化赋能的视角[J].南开管理评论,2020,23(03)：63-75.

[21]Bromiley P, Cummings L L. Transactions costs in organizations with trust[M]. Strategic Management Research Center, University of Minnesota, 1989.

[22]苏涛,陈春花,崔小雨,陈鸿志.信任之下,其效何如——来自Meta分析的证据[J].南开管理评论,2017,20(04)：179-192.

[23]De Jong B A, Elfring T. How does trust affect the performance of ongoing teams？The mediating role of reflexivity, monitoring, and effort[J]. Academy of Management Journal, 2010, 53(3)：535-549.

[24]张旭梅,陈伟.供应链企业间信任、关系承诺与合作绩效——基于知识交易视角的实证研究[J].科学学研究,2011,29(12)：1865-1874.

[25]Bies R J. Interactional justice：Communication criteria of fairness[J]. Research on

negotiation in organizations, 1986, 1: 43-55.

[26] Dulebohn J H, Marler J H. e-Compensation: The potential to transform practice[J]. The brave new world of e HR: Human resources management in the digital age, 2005: 166-189.

[27] Greenberg J. Organizational justice: Yesterday, today, and tomorrow[J]. Journal of management, 1990, 16(2): 399-432.

[28] Claggett J L, Karahanna E. Unpacking the structure of coordination mechanisms and the role of relational coordination in an era of digitally mediated work processes[J]. Academy of Management Review, 2018, 43(4): 704-722.

[29] Petriglieri G, Ashford S J, Wrzesniewski A. Agony and ecstasy in the gig economy: Cultivating holding environments for precarious and personalized work identities[J]. Administrative Science Quarterly, 2019, 64(1): 124-170.

[30] Teece D J. Profiting from innovation in the digital economy: Enabling technologies, standards, and licensing models in the wireless world[J]. Research Policy, 2018, 47(8): 1367-1387.

[31] 魏阙, 张弛, 孙韶阳, 李婷婷. 新发展理念下新型研发机构支撑社会发展研究[J]. 创新科技, 2020, 20(11): 71-77.

[32] 孟溦, 宋娇娇. 新型研发机构绩效评估研究——基于资源依赖和社会影响力的双重视角[J]. 科研管理, 2019, 40(08): 20-31.

[33] 陈春花. 协同: 数字化时代组织效率的本质[M]. 北京: 机械工业出版社, 陈春花, 2019

[34] Van Thiel S. Comparing agencies across countries[M]. Palgrave Macmillan, London: 2012: 18-26.

[35] Dommett K, Macaraeg, Hardiman N. Reforming the Westminster model of agency governance: Britain and Ireland after the crisis[J]. Governance, 2016, 29(4): 535-552.

[36] Flinders M, Tonkiss K. From "poor parenting" to micro-management: coalition governance and the sponsorship of arm's-length bodies in the United Kingdom, 2010-13

[J]. International Review of Administrative Sciences，2016，82(3)：490-515.

[37]张翔. 从体制改革到机制调整："大部门体制"深度推进的应然逻辑[J]. 上海行政学院学报，2012，13(02)：61-68.

[38]傅小随. 以大部门内的纵向改革促进建设服务型政府[J]. 桂海论丛，2013，29(03)：6-9.

[39]杜倩博. 新型研发机构职能部门设置优化的逻辑与策略——基于公共机构治理的整体框架[J]. 中南大学学报(社会科学版)，2018，24(04)：125-133.

[40]邱实，韩淼. 功能分类与职责重构：新型研发机构职能部门的优化进路[J]. 天津行政学院学报，2021，23(05)：32-38.

[41]乔传福，崔占峰，王来武. 现代科研院所制度的内涵与外延[J]. 烟台大学学报(哲学社会科学版)，2009，22(03)：66-71.

[42]Cohen W M，Levinthal D A. Absorptive capacity：A new perspective on learning and innovation[J]. Administrative science quarterly，1990：128-152.

[43]陈雪，叶超贤. 院校与政府共建型新型研发机构发展现状与问题分析[J]. 科技管理研究，2018，(07)：120-125.

[44]章熙春，江海，章文，资智洪. 国内外新型研发机构的比较与研究[J]. 科技管理研究，2017，(19)：103-109.

[45]周丽. 高校新型研发机构"四不像"运行机制研究[J]. 技术经济与管理研究，2016，(07)：39-43.

[46]刘贻新，张光宇，杨诗炜. 基于理事会制度的新型研发机构治理结构研究[J]. 广东科技，2016，25(08)：21-24.

[47]Yoo Y，Boland Jr R J，Lyytinen K，et al. Organizing for innovation in the digitized world[J]. Organization science，2012，23(5)：1398-1408.

[48]Schumann S. Comprehending digitization anddigitalization-Development of a phenomenological access to analog and digital technology[J]. Progress in Science Education (PriSE)，2020，3(2)：22-28.

[49]Kane G C，Palmer D，Nguyen-Phillips A，et al. Achieving digital maturity[J]. MIT Sloan Management Review，2017，59(1).

参考文献

[50] Keupp M M, Palmié M, Gassmann O. The strategic management of innovation: A systematic review and paths for future research[J]. International journal of management reviews, 2012, 14(4): 367-390.

[51] Cohen W M, Levinthal D A. Absorptive capacity: A new perspective on learning and innovation[J]. Administrative science quarterly, 1990: 128-152.

[52] 鲍静, 贾开. 数字治理体系和治理能力现代化研究: 原则、框架与要素[J]. 政治学研究, 2019(03): 23-32+125-126.

[53] 戴长征, 鲍静. 数字政府治理——基于社会形态演变进程的考察[J]. 中国行政管理, 2017(09): 21-27.

[54] 后向东. "互联网+政务": 内涵、形势与任务[J]. 中国行政管理, 2016, (06): 6-10.

[55] 周文辉, 王鹏程, 杨苗. 数字化赋能促进大规模定制技术创新[J]. 科学学研究, 2018, 36(08): 1516-1523.

[56] 王文倩, 肖朔晨, 丁焰. 数字赋能与用户需求双重驱动的产业价值转移研究——以海尔集团为案例[J]. 科学管理研究, 2020, 38(02): 78-83.

[57] 李国杰, 程学旗. 大数据研究: 未来科技及经济社会发展的重大战略领域——大数据的研究现状与科学思考[J]. 中国科学院院刊, 2012, 27(06): 647-657.

[58] 赵云波. AI预测可以代替科学实验吗?——以 AlphaFold 破解蛋白质折叠难题为中心[J]. 医学与哲学, 2021, 42(06): 17-21.

[59] 黄鑫, 邓仲华. 数据密集型科学交流研究与发展趋势[J]. 数字图书馆论坛, 2016 (05): 8-13.

[60] 张培风, 张连分. 全球科研范式变革下的图书馆科学数据管理服务创新——基于数据管理生命周期的视角[J]. 图书馆理论与实践, 2019(05): 39-48.

[61] 黄晓艳, 马珉. 大数据开启智能时代——访中国科学院院士鄂维南[J]. 高科技与产业化, 2017(06): 36-41+1.

[62] 杨晶, 李哲, 康琪. 数字化转型对国家创新体系的影响与对策研究[J]. 研究与发展管理, 2020, 32(06): 26-38.

[63] 黄鑫, 邓仲华. 数据密集型科学研究的需求分析与保障[J]. 情报理论与实践, 2017, 40(02): 66-70+79.

[64]齐俊景. e-Science环境下青年科研人员科研信息素养现状调查与分析[J]. 图书情报研究，2016(1)：80-85.

[65]杨晶，李哲. 试论数字化转型对科研组织模式的影响[J]. 自然辩证法研究，2020，36(8)：51-55.

[66]李进华，江彦. 数字化科学共同体的形成及其范式[J]. 图书情报工作，2017(14)：40-46.

[67]万钢. 以习近平新时代中国特色社会主义思想为指导 加快建设创新型国家和世界科技强国[J]. 时事报告（党委中心组学习），2018(03)：5-19.

[68]潘长江，刘涛，丁红燕. 基于协同创新理念推进地方院校省级重点新型研发机构建设的实践探究[J]. 新型研发机构研究与探索，2017，36(04)：236-240.

[69]李万，常静，王敏杰，等. 创新3.0与创新生态系统[J]. 科学学研究，2014，32(12)：1761-1770.

[70]Costanza R, Mageau M. What is a healthyecosystem？[J]. Aquatic ecology, 1999, 33(1)：105-115.

[71]Kapoor K K, Tamilmani K, Rana N P, et al. Advances in social media research：Past, present and future[J]. Information Systems Frontiers，2018，20(3)：531-558.

[72]Grover P, Kar A K, Davies G. "Technology enabled Health" - Insights from twitter analytics with a socio-technical perspective[J]. International Journal of Information Management，2018，43：85-97.

[73]Tiwana A. The knowledge management toolkit：practical techniques for building a knowledge management system[M]. Upper Saddle River. Prentice hall，2000.

[74]Odum H T. Primary production in flowing waters [J]. Limnology and oceanography，1956，1(2)：102-117.

[75]李佳钰，张贵，李涛. 知识能量流动的系统动力学建模与仿真研究——基于创新生态系统视角[J]. 软科学，2019，33(12)：13-22.

[76]张艳丽，王丹彤. 创新生态系统视角下基于SD模型的企业知识创新研究[J]. 科学管理研究，2020，(04)：90-97.

[77]Nambisan S, Lyytinen K, Majchrzak A, et al. Digital Innovation Management：

参考文献

Reinventing Innovation Management Research in a Digital World[J]. Mis Quarterly, 2017, 41(1): 223-239

[78] 张超, 陈凯华, 穆荣平. 数字创新生态系统: 理论构建与未来研究[J]. 科研管理, 2021, 42(03): 1-11.

[79] Gawer A. Bridging Differing Perspectives on Technological Platforms: Toward an Integrative Framework[J]. Research Policy, 2014, 43(7): 1239-1249.

[80] 余江, 孟庆时, 张越, 张兮, 陈凤. 数字创新: 创新研究新视角的探索及启示[J]. 科学学研究, 2017, 35(07): 1103-1111.

[81] 王飞航, 本连昌. 数字创新生态系统视角下区域创新绩效提升路径研究[J]. 中国科技论坛, 2021(03): 154-163.

[82] Gorwa R. What is PlatformGovernance?[J]. Information, Communication & Society, 2019, 22(6): 854-871.

[83] Aaltonen A, Lanzara G F. Building Governance Capability in Online Social Production: Insights from Wikipedia[J]. Organization Studies, 2015, 36(12): 1649-1673.

[84] Pereira J, Tavalaei M M, Ozalp H. Blockchain-Based Platforms: Decentralized Infrastructures and its Boundary Conditions[J]. Technological Forecasting and Social Change, 2019, 146(1): 94-102.

[85] 魏江, 赵雨菡. 数字创新生态系统的治理机制[J]. 科学学研究, 2021, 39(06): 965-969.

[86] 杨伟, 周青, 方刚. 产业数字创新生态系统数字转型的试探性治理——概念框架与案例解释[J]. 研究与发展管理, 2020, 32(06): 13-25.

[87] 陈劲. 企业创新生态系统论[M]. 北京: 科学出版社, 2017

[88] 王海军, 金姝彤, 郑帅, 束超慧. 全球价值链下的企业颠覆性数字创新生态系统研究[J]. 科学学研究, 2021, 39(03): 530-543.

[89] 杨晶, 李哲, 康琪. 数字化转型对国家创新体系的影响与对策研究[J]. 研究与发展管理, 2020, 32(06): 26-38.

[90] 魏阙, 辛欣, 张敬天, 许骏. 数字化转型推动科研范式变革的思考[J]. 创新科技, 2021, 21(07): 11-18.

[91]王春法,柳卸林. 全面建设小康社会的科技发展战略(续二)——基于国家创新体系的分析[J]. 科学学与科学技术管理,2004(09):5-8.

[92]盛四辈,宋伟. 我国国家创新体系构建及演进研究[J]. 科学学与科学技术管理,2011,32(01):73-77.

[93]赵兰香,方新. 模块重构:构建我国国家创新系统的新思路[J]. 科学学与科学技术管理,2005(11):65-69.

[94]贺德方,唐玉立,周华东. 科技创新政策体系构建及实践[J]. 科学学研究,2019,37(01):3-10+44.

[95]《国家创新体系发展报告》编写组. 国家创新体系发展报告[M]. 第一版. 北京:科学技术文献出版社,2016.

[96]本刊特约评论员. 而今迈步从头越——实现从科技追赶到引领的跨越[J]. 中国科学院院刊,2019,34(02):133-134.

[97]王洪才. 高等教育评价破"五唯":难点·痛点·突破点[J]. 重庆大学学报(社会科学版),2021,27(03):44-53.

[98]陈芳,万劲波,周城雄. 国家创新体系:转型、建设与治理思路[J]. 科技导报,2020,38(05):13-19.

[99]陈凯华. 加快构建以国家实验室为核心的国家科研体系[J]. 中国人才,2018(2):40-41.

[100]刘垠. 强化国家战略科技力量 提升国家创新体系效能[N]. 科技日报,2022-05-19(001).

[101]Dahlin K B, Behrens D M. When is an invention reallyradical?:Defining and measuring technological radicalness[J]. research policy,2005,34(5):717-737.

[102]吴言波,邵云飞. 战略联盟技术多元性对焦点企业突破性创新的影响及机制研究[J]. 研究与发展管理,2020,32(03):100-110.

[103]Ritala P, Sainio L M. Coopetition for radical innovation:technology,market and business-model perspectives[J]. Technology Analysis & Strategic Management,2014,26(2):155-169.

[104]Schmickl C, Kieser A. How much do specialists have to learn from each other when

they jointly develop radical productinnovations？[J]．Research Policy，2008，37（3）：473-491．

[105]Schilling M A，Green E. Recombinant search and breakthrough idea generation：An analysis of high impact papers in the social sciences[J]．Research Policy，2011，40（10）：1321-1331．

[106]Hawkins M A. Knowledge boundary spanning process：Synthesizing four spanning mechanisms[J]．Management Decision，2012．

[107]Rost K. The strength of strong ties in the creation of innovation[J]．Research policy，2011，40(4)：588-604．

[108]Katila R，Ahuja G. Something old，something new：A longitudinal study of search behavior and new product introduction[J]．Academy of management journal，2002，45（6）：1183-1194．

[109]Harvey S. Creative synthesis：Exploring the process of extraordinary group creativity [J]．Academy of management review，2014，39(3)：324-343．

[110]．《求是》编辑部.建设世界科技强国的战略擘画[J]．求是，2021(6)．

[111]白光祖，彭现科，王宝，曹晓阳，徐冰鑫，孙思源，王强，夏佳文.面向经济主战场强化国家战略科技力量的思考[J]．中国工程科学，2021，23(06)：120-127．

[112]．国家重大科技基础设施建设中长期规划（2012—2030 年）[J]．信息技术与信息化，2013(02)：7-13＋49．

[113]习近平.加快建设科技强国 实现高水平科技自立自强[J]．求是，2022，No. 665(18)：1-10．

[114]陈劲，朱子钦.加快推进国家战略科技力量建设[J]．创新科技，2021，21(01)：1-8．

[115]王贻芳，白云翔.发展国家重大科技基础设施 引领国际科技创新[J]．管理世界，2020，36(05)：172-188＋17．

[116]吴丹丹，王子晨.中国国家实验室的演进历程、管理体制及运行机制探析[J]．实验室研究与探索，2022，41(02)：130-135．

[117]聂继凯，石雨.中美国家实验室的发展历程比较与启示[J]．实验室研究与探索，2021，40(05)：144-150．

[118]何立波. 中央专委与"两弹一星"[J]. 党史文苑, 2012(21): 36-42.

[119]末永啓一郎. 経済発展における政府とレントの役割——日本 IT 産業の発展と停滞[J]. 城西大学経営紀要, 2009 (5): 29-44.

[120]沈承诚. 新型举国体制"新"在何处[J]. 国家治理, 2020(42): 11-13.

[121]魏阙, 张弛, 李婷婷. 新型研发机构的数字化协同管理[J]. 科技管理研究, 2021, 41(20): 60-65.

附　件

Ⅰ. 职能部门工作人员用调查问卷

为进一步优化新型研发机构数字创新生态系统构建，科学配置职能部门人员，提出职能部门进一步发展优化的行动策略，现面向各内设机构（中心）负责人开展调研。

①本调研仅为课题研究使用，每个人的问卷和作答过程将完全保密，不会泄露被调研者的个人信息；②答卷人应根据自己所了解的情况填写问卷，所填答案无对错，希望能够积极参与；③回答请基于个人主观感受。

序号	问题	选项		
1	您认为所在部门现有员工数量与现有业务需求人数匹配情况如何？	不满足需求	大致匹配	
2	您认为所在部门高质量完成现有业务需新增多少人？	1～2人	3～5人	6人以上
3	您所在部门是否有拓展新业务的需求？拓展新业务需新增多少人？	5人以下	6人以上	否

续表

序号	问题	选项		
4	您所在部门/中心核心业务岗位是否有设置 A/B 角？	是	否	
5	您目前工作强度如何？	非常忙碌	一般忙碌	
6	如何才能降低您的工作强度？	优化流程	调整分工	提升技能
7	您的同事的工作强度是否和您一样？	差不多	我更忙碌	比我更忙
8	与过去相比您的工作强度如何变化？	有所增加	有所减少	
9	您的工作强度改变的原因是？	分工调整	优化流程	提升技能
10	和过去相比您的同事工作强度有何变化？	有所增加	基本没变	
11	您的工作是否有进一步提升的空间？如有，如何提升？	有，靠机制	有，靠努力	无
12	您的工作是否取得了各方满意？	是，各方都满意	否，服务对象不满	否，同事不满意
13	如何才能够提升各方对您工作的满意度？	优化流程	分工调整	提升技能
14	您在日常工作中花费最多精力在哪方面？	文字工作	部门内沟通	部门间联络
15	您认为应该如何优化职能部门组织结构？（多选）	调整职能	调整组织架构	设立新部门
16	您认为如何才能提升您工作需要的技能？（多选）	干中学	专题培训	轮岗

续表

序号	问题	选项		
17	工作已过度饱和的情况下如果有新任务您会？（多选）	争取增派人手	转交部门同事	转交其他部门
18	在已经完成本职工作的前提下您会如何将工作做得更好？（多选）	重新审视工作	帮助部门同事	考虑流程优化

Ⅱ．科研部门工作人员用调查问卷

为进一步优化新型研发机构数字创新生态系统构建，科学配置职能部门人员，提出职能部门进一步发展优化的行动策略，现面向各内设机构（中心）负责人开展调研。

①本调研仅为课题研究使用，每个人的问卷和作答过程将完全保密，不会泄露被调研者的个人信息；②答卷人应根据自己所了解的情况填写问卷，所填答案无对错，希望能够积极参与；③回答请基于个人主观感受。

序号	问题	选项		
1	现有员工规模是否可以支撑您所在中心新业务的拓展？	否，不满足业务拓展需求	是，满足业务拓展需求	
2	您认为所在中心支撑现有业务需求预计需新增多少人？	1～2人	3～5人	6人以上
3	您认为所在中心是否有拓展新业务的需求，预计需新增多少人？	5人以下	6人以上	否

续表

序号	问题	选项		
4	您目前工作强度如何？	非常忙碌	一般忙碌	
5	通过以下哪种手段更有可能降低您工作强度？	优化行政服务	调整分工	
6	您所在的研究中心其他同事的工作强度与您相比？	我更忙碌	差不多	
7	与去年同期相比您的工作强度？	有所增加	入职未满一年	
8	假设因职能部门有力支撑，您所在的研究中心工作强度有所降低，最有可能的原因是？	与职能部门协同	职能部门工作能力提升	分工调整
9	和去年同期相比中心同事的工作强度？	有所增加	入职未满一年	
10	在不增加工作强度的情况下，哪种改进更有可能提升您的科研效率？	体制机制变革	中心同事合作	难以改进
11	如果您所在的中心无法按时完成预期科研项目目标，您会首先选择？	加班抢进度	与甲方沟通	向新型研发机构寻求帮助
12	目前制约您所在中心科研效率提升的最主要问题是？	缺少行政服务有效支撑	工作流程不合理	科研水平有待提高

续表

序号	问题	选项		
13	职能部门的何种工作调整有希望更好地服务您所在的研究中心？	流程优化	加强联络	完善组织结构
14	分工调整过程中，您认为应该如何优化职能部门的组织结构？（多选）	调整分工	调整架构	
15	您认为如何才能提升您工作需要的技能？（多选）	干中学	专题培训	轮岗
16	工作已过度饱和的情况下如果有新任务您会？（多选）	争取增派人手	转交其他中心	